KB132077

내 머릿속에서 무슨 일이 벌어지고 있을까

카이스트 김대식 교수의 말랑말랑 뇌과학

내 머릿속에선 무슨 일이 벌어지고 있을까

김대식 지음

문학동네

차례

Part 02

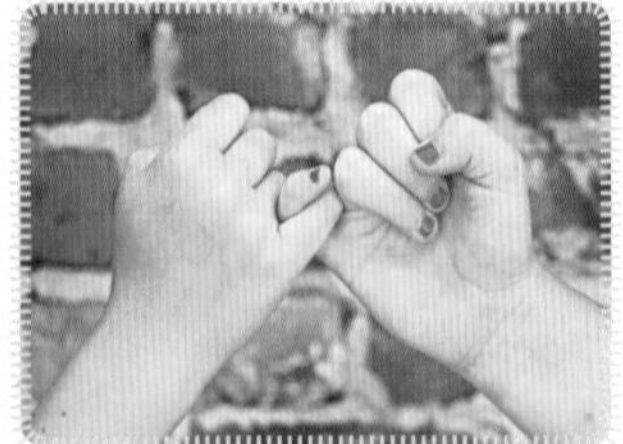

Part 03

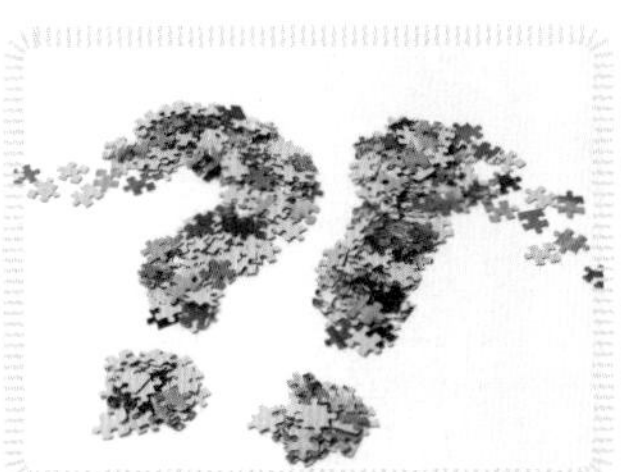

Part 04

Part 05

프롤로그

지금 내 머릿속에선 무슨 일이 벌어지고 있을까

"나는 내 영혼의 선장이며,
내 운명의 주인이다."

– **윌리엄 헨리**William Henry, 영국의 화학자

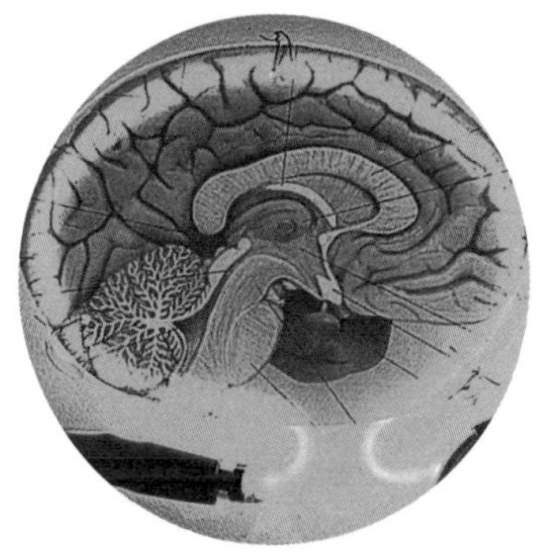

"헨리, 정말 당신이
영혼을 좌지우지할 수 있다고
생각하는 건가? 흠, 글쎄……"

– **헨리의 뇌**

1848년 미국 버몬트 주 철도공사장에서 일하던 피니스 게이지Phineas Gage에게 끔찍한 일이 벌어졌다. 폭발물 사고가 일어나면서 긴 쇠파이프가 그의 머리를 뚫고 지나간 것이다. 다행스럽게도 목숨을 건질 수 있었지만, 이후 게이지에겐 누구도 예상하지 못했던 일이 벌어졌다. 사고 전에는 성실하고 믿음직한 일꾼이었던 그의 성격이 180도 바뀐 것이다. 더이상 성실하지도 않고 좀처럼 일에 관심이 없으며 성격마저 포악해진 게이지를 만난 친구들은 "우리가 알던 사람이 아니"라며 놀라움을 표했다.

자신의 머리를 관통한 쇠파이프를 든 피니스 게이지

과연 그에게 어떤 일이 벌어진 걸까?

게이지의 머리를 뚫은 쇠파이프는 전두엽이라고 불리는 뇌의 앞부분을 관통했다. 현대 뇌과학에서 전두엽은 사람의 성격을 좌우한다고 알려져 있다. 뇌과학은 이 글을 쓰고 있는 김대식이라는 뇌과학자, 또 지금 이 순간 이 글을 읽고 있는 독자 여러분 모두 전두엽에 있는 신경세포(뉴런neuron)가 망가질 경우, 성격이 180도 변해서 '다른 사람'이 될 수 있다는 가능성을 제시한다.

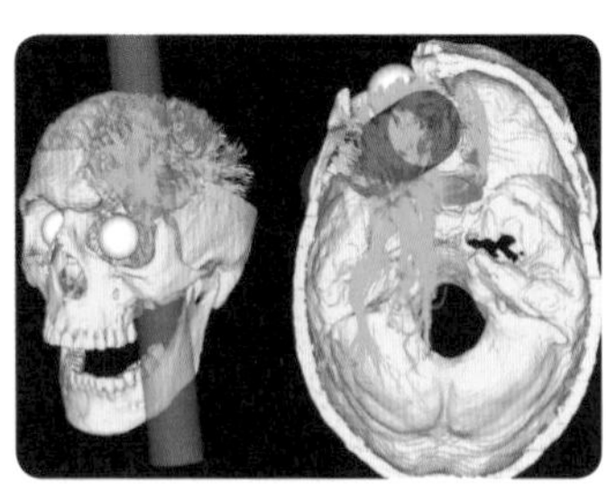
뇌 영상 기술을 통해 쇠파이프가 게이지의 전두엽을 관통한 것을 알 수 있다

우리는 '어이없는 뇌'를 가지고 살아야 한다

몇 년 전 보스턴 지역 뇌과학자들과 법조계 전문가들의 모임에서 한 판사가 어느 기업 임원이 갑자기 부인을 살해한 사건을 거론한 적이 있다. 그 임원은 그 사건 전까지 한 번도 법적인 문제를 일으킨 적이 없는 사람이었다고 한다. 그런데 왜 갑자기 부인을 살인한 걸까? 재판에서 그 임원의 변호사는 임원의 전두엽에 암이 생겼다는 사실을 밝혔고, 따라서 그가 아내를 살해한 것은 그의 자유의지가 아닌 망가진 전두엽 때문이라고 주장했다.

그러나 법원은 변호사의 주장을 받아들이지 않았다. 영미법에서는 "인간은 독립적이고 자유로운 선택을 통해 행동하므로 자신의 선택을 책임져야 한다"고 가르치지, 그 어디에도 "신경세포가 책임을 져야 한다"는 말은 없기 때문이다. 모임에 있던 뇌과학자들은 게이지의 사건을 들며 반박했지만, 판사의 답변에 이내 조용해질 수밖에 없었다.

"물론 저도 전두엽이 미치는 영향에 대해 잘 알고 있습니다. 하지만 저희가 그런 결과를 받아들이기 시작하면, 사회질서가 무너질 겁니다. 아무도 자신의 선택이나 행동을 책임지려 하지 않을 테니 말이죠. 뺑소니 사고를 내곤 '아, 제 신경세포 4597번이 잘못 작동한 것 같네요', 성폭행을 저지르곤 '죄송합니다. 한순간 감성을 좌우하는 제 뇌 영역이 통제되지 않았어요'라며 책임을 회피하려고 할 겁니다.

뇌과학에서 주장하는 내용이 진정 사실이라 하더라도, 책임 없는 사회를 당신 뇌과학자들이 책임질 생각이 없다면, 아무리 비과학적이라도 인간은 '독립적이고' '자유롭고' '자신의 행동을 책임질 수 있다'는 착각을 계속 믿으며 사는 게 더 좋지 않을까요?"

현대 뇌과학이 제시하는 우리 인간의 모습은 아름답기만 하지는 않다. 아니, 상당히 추하다. 아니, 대부분 어이없다. 하지만 그 어이없는 뇌의 모습은 현실이고, 우리는 그런 뇌를 가지고 살아야 한다.

그렇다면 우리의 뇌는 과연 어떤 일들을 벌이고 있을까? 즉 우리 머릿속에선 도대체 어떤 일들이 일어나고 있을까? 이 책에 실린

우리는 '뇌 속 세상'을
살고 있는 것인지도 모른다

25가지 이야기는 우리가 알지 못했던 '나의 뇌'의 세상을 보여줄 것이다. 그리고 그런 뇌를 통해서 본 세상의 이야기도 전할 것이다. 뇌과학자가 바라본 인간과 사회에 대한 이야기다.

우리는 우리의 장기를 통제할 수 있다고 믿지만, 그런 믿음에 대해 뇌는 가소롭다는 듯 콧방귀를 뀔 뿐이다. 당신의 뇌는 당신과 생각이 좀 다르다. 이제 우리의 뇌가 만들고 있는 '머릿속 또다른 세상'을 만나보자.

김대식

Part 01

Brain Story
01

사실 그건 '기억'이
아니라
'뇌가 쓴 소설'이다

"기억력이란 마치 돌과 같아서
산의 작용으로 시간이 지나고 거리가 멀어지면
점점 부식한다."

우고 베티 Ugo Betti, 이탈리아의 극작가

바쁜 일상을 보내고 있는 우리는 바로 이틀 전 점심에 무엇을 먹었는지조차 기억하기 어렵다. 그런가 하면 수십 년 동안 불러보지 않았던 만화영화 주제가는 아주 정확히 기억나서 당황스러워지기도 한다.

기억은 어디서 어떻게 만들어지는 걸까?

50여 년간 매일매일, 자기 자신을 잃어버렸던 남자

우리가 알츠하이머 치매를 두려워하는 이유는 기억을 잃는 순간, 더는 건강한 이 순간의 나 자신이 아닐 것이라는 생각 때문이다. 지금껏 살아온 기억을 잃은 나를 과연 나라고 할 수 있을까 하는 두려움이다. 그런데 '나'라는 존재를 날마다 잃어버려야 했던 사람이 있다. 1926년부터 2008년까지 살았던 헨리 몰레이슨Henry Molaison(과거엔 환자의 개인정보를 보호하기 위해 H.M.이란 이니셜로 알려졌다)은 간질을 앓기는 했지만, 그 외에는 별다른 문제가 없는 평범한 청년이었다. 스물일곱 살이 되던 해, 의사의 조언을 받은 그는 간질을 일으키는 원인으로 짐작되는 뇌 부위를 제거하는 수술을 받기로 결심했다. 수술 부위는 내측두엽으로, 해마라는 기관을 포함한 부위였다.

그런데 의사도 H.M.도 몰랐던 한 가지 사실이 있었다. 바로 해마

50여 년간 매일매일 자신을 잃어버렸던
헨리 몰레이슨

없이는 새로운 기억이 생겨날 수 없다는 사실이다. 해마를 제거한 이후, 그는 수술 후에 일어난 일을 하나도 기억할 수 없었다. H.M.은 수술 후부터 사망할 때까지 50여 년 동안 아침에 일어날 때마다 전날 벌어졌던 일을 기억하지 못했고, 자신이 왜 병원에 있는지도 알지 못했다. 의사의 설명을 듣고 슬퍼했지만, 금세 다시 잊어버리며 "내게 무슨 일이 일어났느냐"고 되묻는 날이 날마다 계속됐다.

그런데 놀랍게도 H.M.은 수술 후 자신에게 일어난 일은 아무것도 기억하지 못한 반면 수술 전에 겪었던 일들은 거의 완벽하게 기억하고 있었다. 결국 그는 기억 자체를 상실한 것이 아니라, 새로운 정보나 경험 등을 기억하는 능력을 잃어버린 것이다. 다시 말해 해마는 기억이 '저장'되는 곳이라기보다는 지금의 경험이 '장기기억'으로 '변환'되는 장소라고 볼 수 있다.

H.M.에게 '나'라는 존재는 어떤 의미였을까. 그에게 과거란 무엇이고, 미래란 무엇이었을까. 새로운 기억을 만들어내지 못하고 5분마다 타인을 통해 자신의 삶을 인식해야 했던 그에겐 '나'라는 단어 자체가 무의미했을 수도 있다.

독일 막스-플랑크뇌과학연구소Max-Planck Institut für Hirnforschung에서 대학원생으로서 난생처음 인간의 뇌를 실제로 본 날, 정말 흥분했던 기억이 아직도 생생하다. 그런데 이런 흥분과 함께 다소 충격을 받기도 했다. '뇌가 그다지 놀랍게 생기지 않았다'는 사실 때문이었다. 뇌는 다소 역겨운 섬유질과 액체로 가득찬 핏기 어린, 무게 1.5킬로그램의 묵직한 고깃덩어리였다. 뇌를 해부하고, 도려내고, 파헤쳐보았지만 그 안에는 기억도, 영상도, 소리도 없었다.

뇌를 이해하기 위해 수년을 연구해온 나 역시 바흐의 〈골드베르크 변주곡〉의 아름다운 멜로디, 방금 보고도 또 보고 싶은 연인의 얼굴, '나는 생각한다, 고로 나는 존재한다'의 '나', 그 모든 것이 결국 그 고깃덩어리를 통해서 만들어진다는 사실이 가끔은 믿기 어렵고 두려워지기도 한다.

뇌는 정보를 '압축'해서 저장한다

그런데 이 고깃덩어리가 간혹 우리를 혼란에 빠트리기도 한다. 2001년 9월 11일 그 누구도 상상하지 못했던 일이 벌어졌다. 알카에다 테러범들은 운항중이던 비행기 두 대를 납치해 뉴욕의 세계무역센터 쌍둥이빌딩에 충돌시켰다. 잔인한 자살테러를 수사하던 중 많은 용의자가 체포됐다. 그중에는 이집트 항공사의 조종사 한 명도 포함돼 있었다.

충분히 의심받을 만한 상황이었다. 테러의 주요 용의자 모하메드 아타 Mohammed Atta 역시 이집트인이었고, 조종사가 묵었던 호텔 방은 쌍둥이빌딩이 바로 보이는 곳이었다. 더구나 조종사가 전날 큰 가방을 들고 호텔 로비를 지나가는 광경을 목격했다는 증인까지 나타났다. 가방은 딱 레이저 추적장비가 들어갈 만한 사이즈였다. 경찰은 그 조종사가 비행기 조종 경험이 없던 테러리스트들을 지상에서 쌍둥이빌딩으로 원격 가이드해줬다고 생각했다.

하지만 무언가 이상했다. 아무리 조사해도 조종사는 이슬람 극단주의와는 거리가 멀었다. 평범한 중산층 가장이 테러단에 합류할 이유가 없어 보였다. 그렇다면 조종사를 봤다는 증언은 어떻게 된 것일까? 자신의 기억을 100퍼센트 확신했던 증인은 오랜 조사 끝에 결국 본인이 예전 TV에서 본 비슷한 장면을 직접 목격한 것으로 착각했다는 사실을 깨달았다. 이 사건은 그렇게 하나의 해프닝으로 끝나버렸다.

어떻게 이런 일이 벌어진 것일까? 불행하게도 우리의 뇌

©William Warby | Flickr.com

는 컴퓨터 하드디스크가 아니다. 하드디스크에는 정보가 입력된 그대로 저장된다. 하지만 망막을 통해서만도 매시간 100기가바이트 정도 들어오는 정보를 평생 지속적으로 보관하기엔 뇌의 저장량이 부족하다. 결국 우리의 경험은 보고 듣고 지각한 그 자체가 아니라 극도로 압축된 상태로 뇌에 저장된다. 기억과 정보 압축은 해마에서 이루어진다.

이때 특별히 집중하며 경험하지 않은 정보는 '제목' 위주로 압축된다고 볼 수 있다. 다시 말해 큰 관심 없이 TV를 보던 증인의 기억엔 '남자' '큰 가방' '호텔' 같은 식으로 제목만 입력된 것이다. 시간이 지나서 입력된 정보를 다시 불러오면 뇌는 예전에 경험했던 본래의 정보가 아니라 이미 제목으로 압축된 정보를 가져온다. 압축된 정보 사이의 구체적인 내용은 과거 경험이나 편견에 바탕을 두고 재생된다.

지난주 화요일 점심으로 무엇을 먹었을까? 거의 한 시간 동안 무언가를 분명히 먹었을 텐데, 대부분 기억나지 않는다. 어제 회식 자리에 같이 있었던 동료의 넥타이 색깔 역시 기억하기 어려울 것이다. 그런데 만약 우리가 증인으로서 어제 있었던 일들을 구체적으로 기억해야 한다면, 우리의 뇌는 압축됐던 기억을 기반으로 무언가를 재생하기 시작할 것이다. 하지만 그건 기억이 아니다. 단지 우리 뇌가 쓰는 소설에 불과할 뿐이다.

특별하지 않은 경험은
'제목'으로 압축돼 저장된다

기억을 돈 주고 살 수 있는 세상이 온다면

움베르토 에코의 소설『장미의 이름*Il nome della rosa*』에서는 "지난날의 장미는 이제 그 이름뿐, 우리에게 남은 것은 그 덧없는 이름뿐"이라고 인생의 허무함을 표현한다. 하지만 이름 외에도 남는 것이 하나 더 있다. 바로 장미에 대한 우리의 기억이다. 그런데 만약 우리의 기억이 앞선 사례처럼 사실이 아닐 수도 있다면? 혹은 내가 원하는 기억을 돈을 주고 살 수 있는 세상이 온다면 어떨까.

기억은 소위 '스파이크spike'라고 불리는 1000분의 1초 단위의 활동전위action potential를 통해 만들어진다. 스파이크는 시각, 청각, 후각 같은 신경세포의 자극에 의해 일어나는데 스파이크의 빈도, 동기화, 패턴 등을 통한 시각정보 처리코드는 이미 부분적으로 판독됐고, 기억코드 역시 전 세계적으로 연구중이다. 만약 미래에 기억코드가 판독된다면, 전기자극을 통해 기억에 관련한 정보들을 뇌에 직접적으로 전달할 수 있다는 가설을 만들어볼 수 있다.

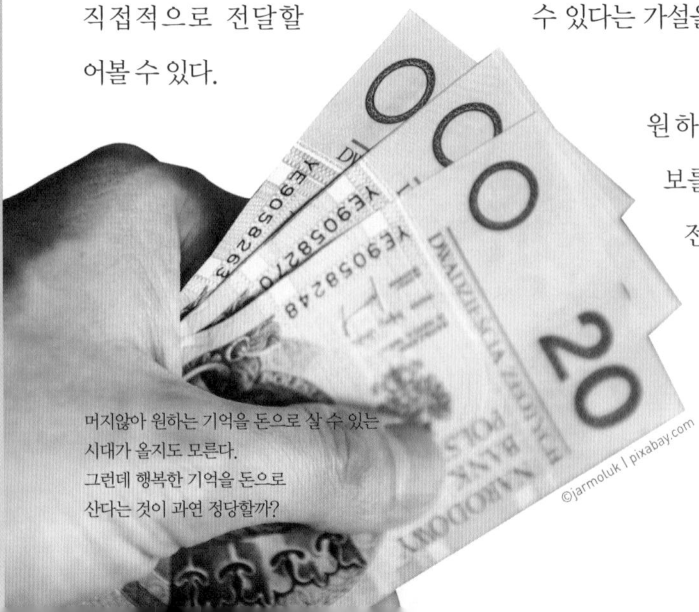

머지않아 원하는 기억을 돈으로 살 수 있는 시대가 올지도 모른다. 그런데 행복한 기억을 돈으로 산다는 것이 과연 정당할까?

©jarmoluk | pixabay.com

원하는 정보를 뇌에 전달하

는 과정을 '브레인 라이팅brain writing'이라고 부르는데, 완벽한 브레인 라이팅을 위해서는 한 가지 숙제를 풀어야 한다. 글쓰기가 무엇인가에 대해 생각해보자. 개념적으로 정의해보면 글을 쓴다는 것은, A4용지 면적의 99퍼센트를 유지하고 나머지 1퍼센트만 '검은색'으로 변화시키는 것이다. 우리는 검은색과 흰색의 차이를 통한 코드로 원하는 정보를 전달할 수 있다. 마찬가지로 뇌에서도 자극해야 할 신경세포와 자극해서는 안 되는 신경세포가 있다. 하지만 전기자극을 줄 경우 어쩔 수 없이 모든 신경세포가 자극을 받게 되고, 이것은 마치 A4용지 전체를 먹칠하는 것과 유사한 상황이다. 그렇다면 어떻게 원하는 신경세포에만 자극을 줄 수 있을까.

최근에 개발된 광유전학optogenetics 기술을 생각해볼 수 있다. 광유전학 기술은 원하는 신경세포만 선택해 유전자 조작을 한다. 이렇게 선택된 신경세포들은 전기자극뿐 아니라 특정 파장의 빛에도 반응을 보인다. 결국 빛의 파장 조절을 통해 우리가 원하는 정보를 뇌에 직접 전달할 수 있다.

광유전학을 통한 쥐 행동의 부분적 제어는 이미 성공했으며, 얼마 전에는 광유전학 기술을 이용한 원숭이 실험이 처음으로 소개되기도 했다. 따라서 인간 뇌의 광유전적 조작도 기술적으로는 불가능하지 않다는 결론을 낼 수 있다.

앞으로 기억코드까지 판독된다면, 머지않은 미래에 우리는 원하는 기억을 돈을 주고 구입해 뇌 안에 직접 입력할 수 있을지 모른다. 멋진 영화배우와의 데이트, 에베레스트 산 정복, 10년 전 돌아가신 어머니와의 일요일 오후 산책처럼 현실에서는 불가능한 기억을 가질 수 있을지 모른다. 이로 인해 우리의 소중한 기억 중 무엇이 진짜이고 무엇이 가짜인지 구별할 수 없게 돼 혼돈에 빠질 수도 있다. 결국 우리는 중요한 질문 하나에 답해야 할 것이다.

"행복한 기억을 돈으로 산다는 것이 과연 정당할까?"

해마의 이중 작용

해마는 새로운 정보를 형성하는 곳이지만, 기억해야 할 지식 자체를 저장하는 곳long-term storage은 아니다. 기억은 뇌의 각 영역에 걸쳐서 시냅스synapse의 연결로 저장된다. 여기서 해마는 조합을 통해서 새로운 정보 조각들을 연결하는 역할을 하므로, 일단 해마가 파괴되면 새로운 조합은 만들어지지 않는다. 더이상 새로운 정보를 습득할 수 없게 되는 것이다. 그러나 예전에 형성됐던 조합은 계속해서 가지고 있기 때문에 과거에 배웠던 것들은 기억할 수 있다.

새로운 조합과 기억을 만드는 데 대표적인 역할을 하는 해마가 공간적 위치를 나타내는 데도 관련이 있다는 사실은 놀랍다. 예를 들어, 잘 알고 있는 거리를 돌아다니는 장면을 떠올릴 때 해마는 매우 활동적으로 바뀐다. 동물 연구에서도 동물이 자꾸 움직일수록 해마의 신경세포들은 공간적 위치를 나타내고 있었다.

해마의 이중 작용이 우연인지 아닌지는 아무도 모른다. 그러나 기억과 공간 탐험의 중복이 학습과 기억의 조합으로 사용되는 공간적 위치를 훨씬 효과적으로 만든다는 것에는 반론의 여지가 없다.

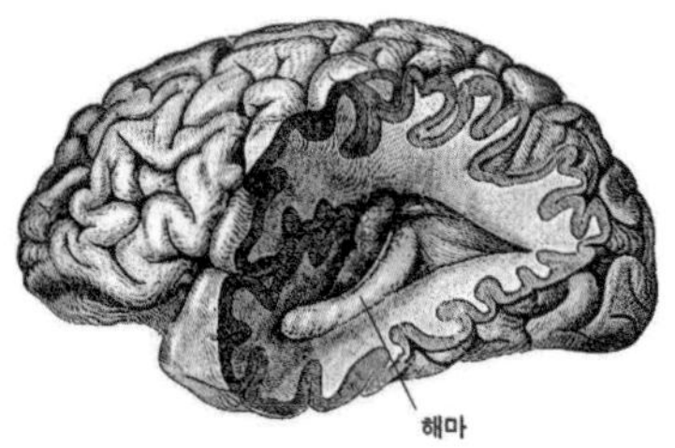

Brain Story
02

뇌는 세상을 있는 그대로 보여주지 않는다, 절대로

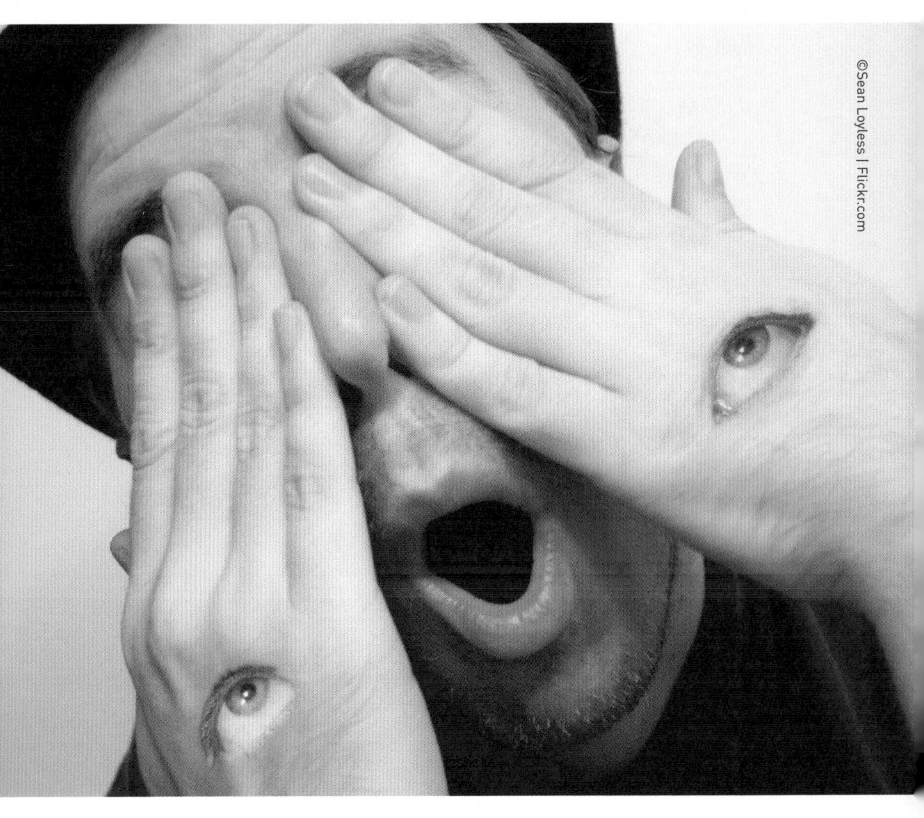

"사실이란 것은 없다.
오직 해석만 있을 뿐이다."

니체Nietzshche

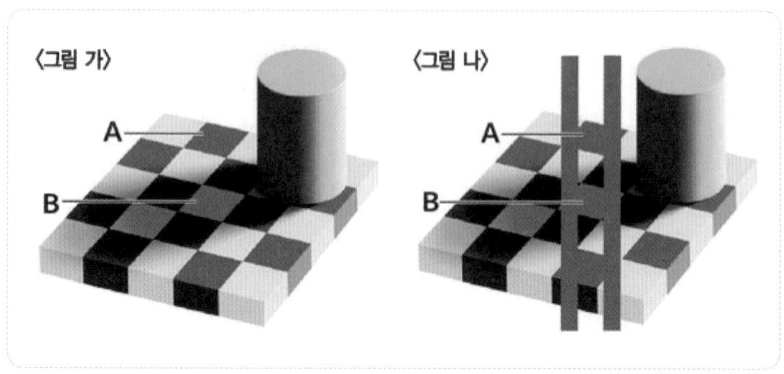

〈그림 가〉에서 A와 B의 사각형 중 어느 쪽이 더 어둡게 보일까? 시각에 문제가 없는 사람들에겐 당연히 A가 B보다 더 어둡게 보인다. 하지만 〈그림 나〉에서 볼 수 있듯이 사실 A와 B의 밝기는 같다. 1995년 미국 MIT의 에드워드 아델슨Edward Adelson 교수가 제시한 이 시각적 착시는 충격적이다. 물리적으로는 분명히 동일한 두 사각형이 어떤 이유에선지 〈그림 가〉에서처럼 전혀 다르게 보이기 때문이다.

왜 이런 일이 벌어지는 걸까?

뇌는 착한 거짓말쟁이? 뇌의 착시적 해석

착시의 이유는 간단하다. 세상은 단순히 눈으로 보는 것이 아니고, 뇌로 해석되는 것이기 때문이다. 망막에 꽂힌 두 사각형의 밝기는 물리적으로는 동일하다. 하지만 그 정보가 시각뇌visual brain에 도착하는 순간 상황은 달라진다. 우리 뇌는 세상에 대한 진화적·선천적 · 후천적 지식을 바탕으로 그림자 안에 있는 물체가 그렇지 않은 물체보다 보통 더 어둡게 보인다는 사실을 알고 있다. 이 때문에 '그림자 안에 있어서 더 어둡게 보여야 할 B가 그림자 바깥에 있는 A와 동일하게 보인다는 건, 사실은 B가 A보다 훨씬 더 밝기 때문이다'라는 '착한' 가설을 만들어, 우리에게 B가 A보다 더 밝다는 착시를 보게 한다. 물론 망막은 여전히 A와 B의 밝기가 동일하다는 정보를 보내지만, 뇌는 크게 뜬 두 눈에 보이는 광경보다 자신이 가진 편견을 더 신뢰한다.

뇌는 머리 안에 있다. 다시 말해 뇌는 두개골이라는 어두운 감옥에 갇혀 바깥세상을 직접 볼 수 없는 죄인과 같다. 세상에 대한 모든 정보는 눈, 코, 귀, 혀 같은 감각센서들을 통해서만 들어올 수 있고, 뇌는 그런 정보들을 기반으로 세상에 대한 답을 찾아내야 한다. 하지만 아무도 정답을 제시해줄 수 없는 이런 상황에서 뇌가 신뢰할 수 있는 것은 예전부터 알고, 믿고, 경험했던 편견들뿐일 수도 있다.

: 시각적 착시는 단지 빙산의 일각이다. 현대 뇌과학에서는 우리 인간이 가지고 있는 대부분의 믿음, 사상, 의견, 신념, 생각, 감각이 어쩌면 세상에 대한 뇌의 착시적 해석일 수도 있다고 말한다.

예를 들어보자. 누구나 행복하게 오래 살기를 원한다. 미국 독립선언문을 작성한 토머스 제퍼슨Thomas Jefferson은 계몽주의자 존 로크John Locke가 요구했던 '삶, 자유, 자산'이라는 기본 권리에 '행복'을 추가했고, 그때부터 행복의 추구는 인간의 본질적 권리로 인정되기 시작했다. 우리나라에서도 '행복한 복지국가' '모두가 다같이 행복한 사회'라는 어젠다를 자주 들을 수 있다. 정말 우리가 모두 행복하게 오래 살 수 있는 걸까.

여기서 '행복'과 '오래'라는 개념에 대해 뇌과학적으로 접근해볼 필요가 있다. 철학자 아우구스티누스가 "시간이란 무엇이냐"는 질문에 "알다가도 대답하려면 모르겠다"고 말했듯이, 시간은 상대성이론과 양자역학을 이해하는 현대인에게도 미스터리다. 하지만 모든 세대와 문명은 공통적으로 나이가 먹을수록 시간이 빨리 흐른다고 느낀다. 그럼 왜 어린아이와 어른은 시간의 흐름을 다르게 느끼는 것일까?

이와 관련해서 어른과 아이의 뇌가 세상을 샘플링하는 속도가 다르기 때문이라고 설명하는 이론이 있다. 뇌 안의 모든 정보는 시냅스 사이의 신경전달물질들이 방출되면서 이루어진다. 이 이론에 따르면 어린 시냅스일수록 신경전달물질이 더 많기 때문에, 같은 시간에 어른보다 더 많은 정보를 보낸다. 즉 정보 전달의 속도가 더 빠르다는 것이다. 그러면 시간은 느려진다. 마치 1초당 25~30장의 영상을 보여주는 TV보다 수백, 수천 장의 영상을 보여주는 슬로모션이 더 느리게 보이는 것과 같다. 세상을 더 빠르게 샘플링하는 어린 뇌가 결국 시간을 더 느리게 인식한다고 할 수 있다. 뇌의 정보 샘플링 속도는 카페인 같은 화학적 물질이나 주의력을 통해서도 바뀔 수 있다. 결국 시간의 속도라는 개념 자체가 뇌가 만들어내는 착

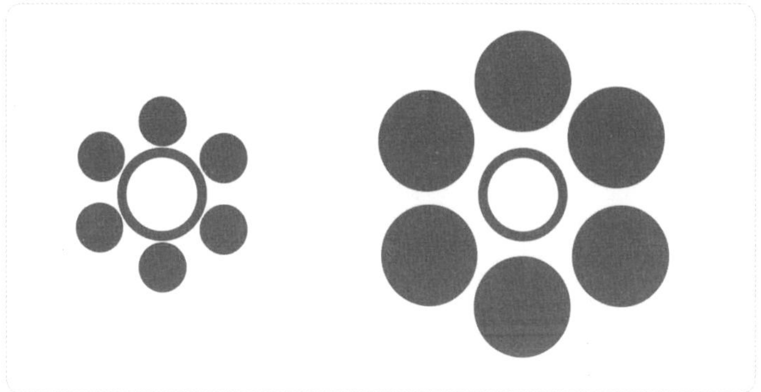

양쪽 하얀 동그라미의 크기는 똑같지만,
더 작은 동그라미에 둘러싸인 왼쪽 동그라미가 더 크게 느껴진다

시 현상일 가능성이 있는 것이다.

뇌는 세상을 있는 그대로 보여주는 기계가 절대 아니다. 뇌는 단지 감지되는 감각센서의 정보를 기반으로 최대한 자신의 경험과 믿음을 정당화할 수 있는 해석들을 만들어낼 뿐이다. 그리고 그렇게 해석된 결과를 우리에게 인식시킨다. 세상을 본다는 것은 결국 우리 뇌의 '착한 거짓말'에 속고 있는 것과 마찬가지다.

우리는 뇌의 거짓말에 대해 배웠고, 이제 〈그림 가〉에서 A와 B의 밝기가 물리적으로 동일하다는 사실을 이해했다. 하지만 눈을 앞 장으로 돌리는 순간, 여전히 B는 A보다 밝게 보인다. 그렇다. 뇌가 거짓말을 하면, 아무리 그 사실을 알고 있다고 해도 소용없다. 그래서 우리는 가끔 우리 자신의 뇌를 믿지 않아야 하는 것이다.

뇌는 '보고 싶은 것'만 본다

1985년의 일이다. 당시 미국 대통령 로널드 레이건Ronald Reagan은 독일 총리 헬무트 콜Helmut Kohl의 초대로 비트부르크 시에 있는 작은 군인묘지를 방문했다. 제2차 세계대전 종전 40주년을 기념하는 추모식이었다. 그런데 문제가 생겼다. '평범한' 군인들 외에도 49명의 나치 친위대원 역시 비트부르크에 묻혀 있다는 사실이 알려졌기 때문이다. 세계 여론에서는 당연히 난리가 났고 레이건 대통령은 묘지에 단 8분간 머문 후 근처 유대인 수용소 역시 방문하는 것으로 문제를 '해결해야' 했다.

일본 총리가 A급 전쟁 범죄자들이 묻혀 있는 야스쿠니 신사를 방문한다는 것은 당연히 있을 수 없는 일이다. 하지만 여기서 잠깐 생각해보자. 대한민국 정서와 여론에 따르면 아베 신조安倍晋三의 행동은 히틀러와 다름없다. 그리고 우리는 믿는다. 전 세계인들이 우리 의견에 동의한다고. 스위스 다보스포럼에서 야스쿠니 신사 관련 질문을 받은 아베는 '망신'당했으며, 전 세계 여론 모두 아베를 괴물 취급한다고.

하지만 미안하게도 그건 우리의 희망사항일 뿐이다. 영국 파이낸셜타임스FT는 아베를 2014년 다보스포럼 최고의 인물로 뽑았으며, 미국의 국제관계 평론잡지인 『포린 어페어스*Foreign Affairs*』는 "너무나 과거에 집착한다"며 도리어 한국과 중국에 책임을 물었다. 우리가 생각하는 아베는 일본인이 생각하는 아베뿐만이 아니라 대부분 서양인이 보는 아베와도 거리가 멀다고 할 수 있다. 왜 그런 걸까?

뇌는 보고 싶은 것만 보는 성향이 있다. 직접 보고 듣는 그 자체만으로 얻을 수 있는 정보는 한정되기에, 우리가 지각하는 세상에는 언제나 과거 기억과 미래 추론 역시 포함돼 있다. 일본을 바라보는 우리 관점에서는 뼈아픈 일제강점기 시대의 경험이 함께 존재한다. 부모, 조부모의 일이기에 우리 자신의 역사이기도 하다. 하지만 서양인들에게 과거 일본이 저지른 만행은 '타인의 아픔'일 뿐이다. 서양인들이 직접 경험한 일본은 '난징대학살' '731부대' '간토關東 대지진 조선인 학살'이 아닌 '소니' '닌텐도' '아니메anime'이기에 언제나 '세련된' '최첨단'이라는 이미지가 붙어 있다.

대화를 거부하며 '2+2=4'라고 주장하는 사람보다 세련된 행동과 말로 '2+2=5'라고 적절히 거짓말하는 사람을 더 선호하는 것이 오늘날 세상이다. 당연히 공정하지 않다. 하지만 세상이 공정하다고 믿는 그 자체가 어쩌면 어리석음의 첫 단계일지도 모른다. 물론 먼 훗날 역사는 결국 진실에 한 표를 던질 수 있겠다. 하지만 경제학자 존 케인스John Keynes의 말을 인용하자면, 먼 훗날엔 우리 모두 어차피 다 죽는다. 미래의 역사와 철학에 대해서 우리가 지금 걱정할 필요는 없다. 지금 중요한 건 현실이고, 현실은 아무리 불편하더라도 있는 그대로 이해하는 자가 결국 주도하는 법이다.

뇌는 보고 싶은 것만 보는 경향이 있다

스위스 심리학자 장 피아제Jean Piaget는 인지발달이론으로 유명하다. 이는 자라는 아이들이 단계별 발달과정을 통해 인지적으로 성장한다는 이론이다. 그 단계는 ①반사적 행동 위주인 '감각운동기sensorimotor stage' ②직관적이고 자기중심적 사고를 통해 세상을 이해하려는 '전조작기preoperational stage' ③자기중심적 사고에서 벗어나 외향적 변화와는 별개로 근본적 보존이 가능하다는 사실을 이해하는 '구체적 조작기concrete operational stage' 그리고 ④논리적 가설과 추론이 가능한 '형식적 조작기formal operational stage'로 나뉜다.

이중 전조작기 단계의 아이들(보통 2~7세)은 지극히 자기중심적이고 '인공론적'인 사고를 하기로 유명하다. 자신이 보는 걸 모든 사람이 볼 수 있다고 생각하고, 자신의 생각 역시 모든 사람이 알고 있다고 착각한다는 것이다. 세상에 존재하는 물건들은 모두 자신을 위해 만들어졌다고 생각하며 남을 배려하지 못한다. 어차피 모든 사람이 자신과 동일한 관점, 선호도, 감정을 가졌다고 생각하기 때문이다.

최근 해외에 우리나라를 소개하는 광고가 많이 만들어지고 있다. 뉴욕 맨해튼 한복판에 비빔밥 광고 간판이 걸리고, 뉴욕타임스를 통해 국내 유명 연예인과 운동선수가 불고기와 비빔밥을 홍보한다. 물론 문화와 전통 소개는 언제나 좋은 일이다. 하지만 재미교포 외엔 거의 대부분이 알지 못할 국내 유명인들이 느닷없이 "비빔밥?" "불고기?"라는 대사를 던지는 광고는 무의미하다. 비슷한 경우로, 아무리 영화 〈어벤저스 2〉에 서울이 등장해 수백 번 부서진다고 해서 대한민국 수도의 이미지가 좋아질 리 없다.

나 자신이 알기에 타인에게 의미 있고, 나에게 맛있기에 세상 모든 사람이 사랑해야 한다는 생각. 내가 사는 서울이 할리우드 영화에 등장하는 모습을 보며 '우리도 이제 이 정도로 잘살게 됐구나'라는 감동을 전 세계인이 느낄 거라는 착각. 우리는 여전히 지극히 자기중심적인 전조작기과정에 머물고 있는 셈이다.

그러니까, 사랑 고백은 롤러코스터에서!

뇌과학자들 사이에선 "이성에게 사랑을 고백할 때는 롤러코스터에서 하라"라는 농담이 유명하다. 롤러코스터를 타면 대부분 심장 박동이 빨라진다. 그 순간 사랑 고백을 받는다면 뇌가 자신의 두근거리는 가슴이 상대방 때문이라고 착각할 확률이 높다는 것이다. 물론 상대방이 너무 거부감이 강하거나 자신의 사랑관이 확실할 경우에는 적용할 수 없는 방법이다. 하지만 인간은 날마다 충

뇌과학자들 사이에선 "이성에게 사랑을 고백할 때는 롤러코스터에서 하라"라는 농담이 유명하다

분한 정보와 확신 없이도 수많은 결정을 해야 한다. 그리고 이럴 경우에 우리는 뇌의 착각에 속을 수 있다.

심리학자로 유일하게 노벨 경제학상을 받은 대니얼 카너먼Daniel Kahneman 교수는 인간의 뇌엔 '느린 시스템'과 '빠른 시스템'이 존재한다고 주장한다. 충분한 시간과 정보가 있을 경우에는 느린 시스템을 통해 세밀하고 현명한 선택을 할 수 있지만, 빠른 선택이 필요하거나 불확실성이 높은 경우 뇌는 치밀한 분석보다는 미리 준비된 '휴리스틱스heuristics(어림법, 모든 경우를 고려하지 않고 편리한 기준에 따라 그중 일부만을 고려해 문제를 해결하는 방법)'를 통해 판단한다는 것이다.

인간이 가장 피해가기 어려운 휴리스틱스는 우리의 몸일 것이다. 두개골에 갇혀 있는 뇌는 외부 세상보다 더 쉽게 자신의 몸상태를 관찰한다. 그리고 뇌는 관찰된 몸상태의 변화를 주변 세상에서 들어오는 정보들을 통해 해석하려 한다.

한 실험에서 100명을 무작위로 50명씩 A와 B 두 집단으로 나누고 신입사원 가상 인터뷰를 진행하게 했다. 물론 신입사원은 항상 같은 사람이었고, 100명이 할 수 있는 질문과 그에 대한 신입사원의 대답은 동일하게 설정했다. 단 유일한 차이로, 우연한 상황을 만들어 A집단은 인터뷰 전 자신도 모르게 무거운 짐을 들게 했고, B집단은 가벼운 짐을 들게 했다.

신입사원에 대한 A와 B의 평가는 논리적으로는 동일해야 한다. 하지만 실험 결과는 달랐다. B는 신입사원을 긍정적으로 평가했지만, A는 부정적인 평가를 내렸다. 결국 A의 뇌는 자신의 불편한 몸 상태가 무거운 짐을 들었기 때문이라는 진실을 알 수 없기에 '신입사원이 마음에 들지 않아서'라는 그럴싸한 추론을 만들고 우리가 그것을 믿도록 만드는 것이다. 비슷한 예로 A는 따뜻한 음료, B는 차가운 음료를 마시게 한 후 파티에서 모르는 사람들과 같은 내용의 대화를 나누게 하면, 평균적으로 A는 따뜻한 대접을 받았다고 기억하고, B는 사람들이 자신을 무시하고 차갑게 대했다고 이야기한다.

사회생활을 하다보면 마음에 들진 않지만 어쩔 수 없이 협력해서 좋은 결과를 내야 하는 사람을 종종 만난다. 뇌과학을 토대로 조언하자면, 이럴 경우 억지로 마음을 바꾸려고 노력하기보다 우선 행동을 바꾸어보는 것이 효과적일 수 있다. 뇌는 친절하고 긍정적으로 변한 자신의 모습을 관찰하고 나서 '그래, 나는 사실 그 사람을 좋아해'라고 자신의 행동을 최대한 합리화할 수 있는 추론을 만들어 우리로 하여금 그렇게 믿도록 만들 것이기 때문이다.

뇌의 기본 단위, 뉴런

뇌는 뉴런이라고 하는 수천억 개의 세포로 구성돼 있다. 뉴런은 뇌의 기본 단위로서, 감각기관과 뇌 운동기관 사이에서 신호를 전달하는 역할을 한다.

뉴런은 세포체cell body, 수상돌기dendrite, 축삭돌기axon로 구성돼 있다. 세포체에서는 뉴런이 일을 잘할 수 있도록 에너지를 만들어 낸다. 실제로 뇌의 무게는 몸무게의 2퍼센트밖에 안 되는 1.5킬로그램 정도이지만, 심장에서 나가는 피의 15퍼센트를 소비한다.

작은 나무처럼 생긴 수상돌기를 통해서는 다른 뉴런들로부터 정보를 받아들인다. 예를 들어 눈으로 보는 것은 망막을 통해 시각피질visual cortex로 전달되는데, 이때 이 시각정보를 받아들이는 것이 바로 수상돌기다. 일단 수상돌기가 받아들인 정보는 세포체를 거쳐서 뉴런의 긴 '꼬리'로 내려간다. 이 꼬리가 바로 축삭돌기다. 축삭돌기는 전선과 비슷하다고 생각하면 되는데, 뇌의 한쪽에서 받아들인 정보(신호)를 멀리까지 전송한다.

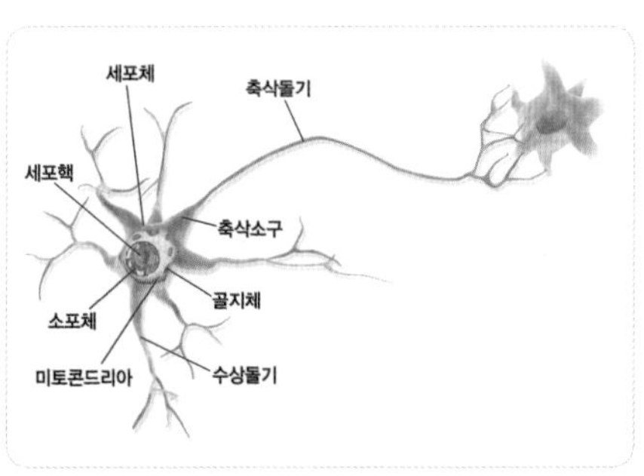

Brain Story
03

팔은 안으로 굽고, 생각도 안으로 굽는다?

인간의 정직성과 이기적인 행동에 대한 재미있는 연구 결과가 있다. 피험자들에게 수학문제를 주고 혼자 알아서 풀도록 했다. 문제를 다 푼 다음 옆에 있는 답안지와 비교해 정답이면 병에서 과자를 꺼내 먹어도 되는 상황이다. 혼자 있다고 생각되는 상태에서 사람들은 얼마나 정직하게 문제를 풀까?

핵심은 방의 밝기였다. 밝은 방에서 문제를 풀게 하면 대부분의 피험자는 정직하게 문제를 풀었다. 하지만 방을 어둡게 만들면 만들수록 피험자들은 커닝을 하기도 하고 문제가 틀려도 과자를 꺼내 먹었다. 주변이 어두워지면 어두워질수록 인간은 본능적으로 덜 정직해진다는 사실을 짐작할 수 있다.

다음 실험에서는 피험자에게 약간의 돈을 주고 앞에 있는 (역시 비슷한 실험에 참가했다고 소개된) 다른 피험자와 원하는 대로 나눠 가지도록 했다. 피험자는 어떻게 나누었을까? 역시 방의 밝기에 따라 결과가 달랐다. 밝은 방에서는 돈을 5 대 5로 나누었지만 어두운 방에서는 점점 6 대 4, 7 대 3으로 나누기 시작했다. 어두운 방이 인간을 더 이기적으로 만든다는 이야기다.

뇌는 나의 행동이 보이지 않는 상황에선 이기적으로, 하지만 타인이 나를 관찰할 수 있는 밝은 상황에선 이타적으로 행동한다는 가설을 세울 수 있다. 그렇다면 이타적 행동이란 남을 위한 근본적인 배려라기보다 공동체에서 외면당하지 않으려는 전략적인 이기주의적 행동인 셈이다.

사회생물학에서는 이타적 행동을 '자기 집단 중심적 이타성parochial

인간은 어두운 곳에선 이기적으로, 밝은 곳에선 이타적으로 행동한다는 가설을 세울 수 있다

altruism'이라고 해석한다. 내 자식, 내 친척은 나와 동일한 유전자를 가질 확률이 높은 만큼 그들을 위한 이타적 행동은 사실상 간접적으로 '나를 위한' 이기적 행동이라는 말이다.

하지만 문제가 하나 있다. 얼마 전까지 인류는 유전자를 직접 관찰할 수 없었기에 외모, 언어, 선호도 같은 행동적 패턴을 통해 유전적 관계를 추론해야 했다. 나와 비슷하게 생기고 같은 사투리를 쓴다면 유전적 친척일 확률이 높다는 가설이다. 대부분의 사람이 태어난 동굴과 유전적 친척들로 구성된 집단을 떠나지 않고 한평생을 살았던 원시시대에는 충분히 논리적인 가설이었을 것이다. 하지만 비행기를 타고 세상을 날아다니고, 다양한 유전적 배경을 가진 사람들로 구성된 현대사회에서도 우리는 여전히 비슷한 가설을 세우며 산다. 그렇기에 우리는 확률적으로 유전적 교집합이 존재할 이유가 없는데도 학교 선후배를 챙기고, 정치적 사상이 같은 구성원이라면 무조건 우선적으로 보호하려 한다.

얼마 전 국내 항공사 여객기가 미국 공항에서 추락한 참사가 있었다. 불과 몇 시간 후, 아직 객관적인 조사 결과가 나올 수 없는 상황에서 우리나라 사람들은 미국 공항시설을 의심하기 시작했고, 미국 언론들은 대한민국 조종사들의 실력에 물음표를 던졌다. '나와 비슷하면 비슷한 유전자를 가졌을 것'이라는 원시시대적 가설 때문에 우리의 판단은 여전히 '안으로' 굽고 있다.

뇌는 미완성으로 태어나, 경험한 주변 상황에 최적화되도록 완성된다

독일 친구들과 이야기하던 중 "우리가 독일인이라 그런 게 절대 아니고 말이야. 객관적으로 시장경제와 사회복지가 적절히 혼합된 독일이 가장 살기 좋지 않아?"라는 말을 들었다. 비슷한 주제로 미국 친구들과 이야기를 했을 때는 "객관적으로 봐서 자유로운 미국 사회가 제일 좋지 않아?"라고들 했다. 호기심이 발동해 일본, 네덜란드, 한국 친구들에게도 각각 비슷한 질문을 했더니 역시나 비슷한 반응들이었다.

"안전하고 깨끗한 일본이 최고지." "정 많고 끈끈한 한국이 제일이지." "북유럽의 질서와 남유럽의 자유를 적절히 섞은 네덜란드가 좋지 않아?" 재미있게도 다들 그것이 자신의 '주관적인 의견'이 아니라 '객관적인 사실'임을 강조했다.

우리는 왜 타지에 살면 고향이 그리워지고, 고향에 가면 마음이 편해지는 걸까? 그 이유는 뇌 발달과 연관돼 있다. 뇌는 수천 개의 다른 신경세포들과 시냅스라는 연결고리를 가지고 있는 1000억 개의 신경세포로 구성돼 있다. 지능, 감성, 기억 등 모든 것은 100조 개의 시냅스에 의해 결정된다. 그런데 이 많은 시냅스의 모든 위치와 구조를 유전적으로 물려받기는 불가능하다. 그래서 뇌 발달에는 주변 환경이 결정적 역할을 하게 된다.

어린아이는 어른과 비슷한 숫자의 신경세포들을 가지고 있지만, 서로 간의 연결성은 완성되지 않은 상태다. 마치 서울과 부산을 연결하는 큰길은 유전적으로 타고났지만, 막상 부산에 도착해보면 신경세포와 주변 세포가 무질서하게 연결돼 있는 상황이라고 할 수 있다. 이중 적절한 시냅스도 있고, 연결돼서는 안 되는 시냅스도 있다. 그래서 우리는 '결정적 시기'라는 것을 가진다. 오리는 태어나서 몇 시간, 고양이는 4주에서 8주, 원숭이는 1년, 그리고 인간은 10년까지 유지되는 이 결정적 시기 동안

갓 태어난 오리의 결정적 시기 동안 어미 역할을 해 평생 새끼 오리들이 자신을 따르도록 한 콘라트 로렌츠 교수(우)

자주 사용되는 시냅스는 살아남고, 사용되지 않는 시냅스는 사라진다.

결정적 시기의 뇌는 젖은 찰흙처럼 주변 환경을 통해 주물러지고 모양이 바뀔 수 있다. 그 시기가 끝나면 찰흙은 굳어지고 유연성을 잃어버린다. 그래서 아이는 외국에서 자라면 그 나라의 언어를 완벽하게 구사할 수 있지만, 더이상 유연하지 않은 시냅스로 가득찬 어른의 뇌로 외국어를 배우기는 정말 괴롭다.

결국 뇌는 미완성 상태로 태어나, 자신이 경험한 주변 상황에 최적화되도록 완성된다. 고향이 편한 이유는 어릴 적 경험한 음식, 소리, 사람, 풍경, 이 모든 것이 우리의 뇌를 완성시킨 바로 그 원인이기 때문이다. 무언가에 최적화돼 있으면 당연히 편안함을 느낀다. 선택이 필요 없고 막연히 좋다. 거꾸로 다른 환경에 최적화된 뇌를 가진 사람들은 나에게 당연한 것을 전혀 당연해하지 않거나 편해하지 않을 수도 있다. 우리가 배워야 할 것은 내 것이 좋기 때문에 남의 것이 나쁘다가 아니라, 내 것이 나에게 좋은 만큼 다른 것은 다른 사람에게 좋을 수도 있다는 사실이다.

타인의 입장을 이해하고 공감할 수 있는 능력, 마음 이론

엄마와 아이가 같이 놀다가 엄마가 공을 바구니에 담아놓고 방에서 나간다. 엄마가 없는 사이 아이는 바구니에서 공을 꺼내 상자에 집어넣는다. 엄마가 다시 아이가 없는 방에 들어와 공을 찾는다. 엄마는 공을 어디서 찾으려고 할까?

이 간단하고 유명한 발달심리학 실험의 결과는 흥미롭다. 아이가 공을 꺼내서 상자에 넣어놓았다는 사실을 알 리 없기에 어른들은 당연히 바구니를 열어본다고 대답한다. 하지만 같은 상황을 지켜본 유치원생들의 답은 다르다. 대부분의 유치원생은 공이 상자 안에 있으니 엄마가 상자를 열어볼 것이라고 대답한다. 어린아이들은 자신이 알면 타인도 알고, 자신이 모르면 타인도 모를 것이라고 생각한다는 사실을 알려주는 실험이다.

앞서 말했듯 인간의 뇌는 미완성 상태로 태어나 사회적 경험을 통해 점차 완성되는데 어린아이의 뇌에는 치명적 한계가 있다. 어린 뇌는 세상의 모든 사건을 자기중심적으로 보고 판단한다. 공이 상자에 있다는 사실을 나는 알지만 엄마는 알 수 없다는 것을 어린아이의 뇌는 이해하지 못한다. 그뿐만 아니다. 또다른 실험에서는 '각자 다른 방향에서 하나의 장면을 바라보는 사람들이 무엇을 볼까'라고 물었더니 이번에도 유치원생들은 모든 사람이 자신과 동일한 풍경을 볼 것이라고 대답했다.

인간의 뇌는 선천적으로 타인의 관점을 이해하지 못한다. 수많은 경험과 교육을 통해 우리는 다른 사람이 나와는 다른 생각과 의견을 가질 수 있다는 사실을 이해하고 인정하게 된다. 타인의 관점을 상상하고 이해할 수 있는 인지적 능력을 '마음 이론theory of mind'

이라고 부른다.

마음 이론이 없는 세상은 어떤 모습일까? 사회구성원 모두가 자신의 관점만 옳다고 생각하며 배려와 양보가 없는 사회일 것이다. 마음 이론이 없는 사회는 강자가 약자를 위해 자발적으로 배려하는 노블레스 오블리주와는 정반대로 약자가 강자를 위해 희생해야 하는 정글의 법칙에 충실한 사회일 것이다.

마음 이론은 어떻게 만들어지는 것일까. 아직 정확히 증명되지는 않았지만 마음 이론이 만들어지기 위해서는 '거울뉴런mirror neuron'이 결정적 역할을 한다는 이론이 있다. 거울뉴런은 인간을 포함한 영장류 뇌에서 발견된 특수 신경세포로, 내가 행동하지는 않지만 타인의 행동을 관찰할 때 거울이 대상을 반영하듯 활성화되는 신경세포다. 결국 거울뉴런을 통해 우리는 직접 행동하거나 경험하지 못한 타인의 행복과 불행을 마치 내가 경험한 듯 느끼고 공감할 수 있는 능력이 생긴다는 것이다.

뉴런 사이의 연결고리, 시냅스

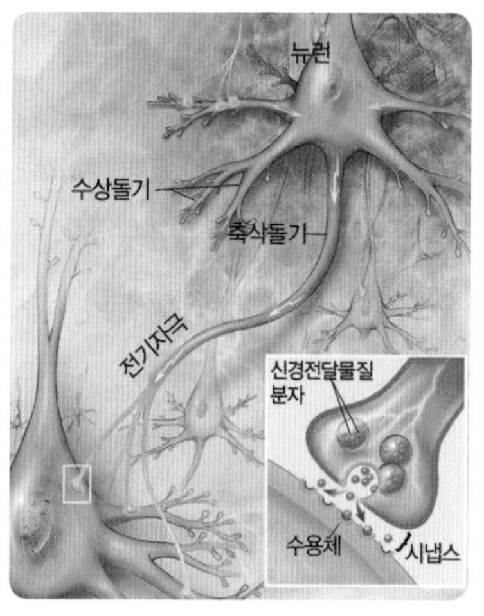

시냅스는 한 뉴런의 축삭돌기 끝 부분과 다른 뉴런의 수상돌기 사이의 연결 부분이다. 각각의 뉴런은 수천 개의 다른 뉴런과 연결되는데, 이는 수상돌기의 나무들이 수천 개의 시냅스를 덮고 있다는 뜻이다.

뉴런의 작동원리는 다음과 같다. 수천 개의 뉴런을 통해 들어오는 신호의 합이 어느 한계를 넘으면, 신호를 받은 뉴런에서 반응이 일어나 전기 스위치가 켜진다. 그러나 신호의 합이 정해진 한계치를 넘지 못하면 뉴런은 반응하지 않는다. 즉 스위치가 꺼져 있는 셈이다. 이렇듯 뇌는 수억 개나 되는 뉴런들의 고리인 시냅스로 복잡하게 연결돼 있다. 눈의 망막 같은 곳에서 일단 초기 반응이 시작되면 시냅스와 뉴런이 신경반응의 전류를 일으켜 뇌 전체로 반응을 전하게 된다.

Brain Story
04

우리는 선택하지 않는다, 선택을 '정당화'할 뿐이다

호스피스 병동에서 죽음을 기다리는 대부분의 환자는 자신이 그동안 해온 선택에 대해 많은 후회를 한다고 한다. '왜 나는 조금 더 나 자신을 위해 살지 못했을까?' '왜 나는 진정한 사랑을 해보지 못했을까?'

어쩌면 인생 자체가 수많은 선택의 사슬이라고 볼 수 있다. 그리고 우리는 믿는다. 인간에게는 선호選好의 자유가 있고, 선택은 선호를 실천하는 것이라고. 그런데 왜 우리는 자유롭게 선호하고 선택한 인생임에도 불구하고, 죽기 전에는 대부분 후회하는 것일까? 재벌이든 거지든 대학교수든 상관없이 말이다.

선택의 자유 vs. 선택 정당화의 자유

1981년 노벨 생리의학상을 받은 로저 스페리Roger Sperry는 '분할뇌 연구'를 통해 선택의 자유에 대한 흥미로운 견해를 제시했다. 몸의 오른쪽을 컨트롤하는 좌뇌와 몸의 왼쪽을 담당하는 우뇌는 뇌량corpus callosum이라는 약 2억 개의 케이블로 연결돼 있다. 언어능력은 대부분의 경우 좌뇌만 가지고 있다.

만약 뇌량을 끊어버린다면 어떤 일이 벌어질까? 이런 수술은 간질병 환자 치료를 위해 가끔 이뤄진다. 수술 후 뇌가 분할된 환자들을 실험한 스페리는 놀라운 결과를 얻을 수 있었다. 환자의 오른쪽 시야에만 닭발을 보여준다. 오른쪽 시야는 좌뇌가 관장하므로 좌뇌만 보게 한 것과 같다. 그후 무엇을 보았느냐고 물어보면 언어를 이해하는 좌뇌는 쉽게 "닭발"이라고 말한다. 거꾸로 겨울 풍경을 왼쪽 시야, 즉 우뇌만 볼 수 있게 하고 무엇인지 물어보면 언어 처리능력이 없는 우뇌는 답을 하지 못하고, 아무것도 못 본 좌뇌는 "아무것도 보지 못했다"라고 답한다.

오른쪽 그림은 분할된 뇌를 갖게 된 환자들에게 좌뇌에는 닭발을 보여주고, 우뇌에는 풍경 사진을 보여주는 실험이다. 이제 다양한 사진을 올려놓고 본인이 원하는 사진을 자유롭게 선택해 손가락으로 가리켜보라고 한다. 대부분 환자가 오른손으로는 닭과 연관된 사진을 선택하고, 왼손으로는 겨울 풍경과 연관된 사진을 선택한다. 환자들에게 왜 그 사진을 선택했느냐고 물어보면 대답은 역시 좌뇌가 해야 한다. 좌뇌는 왼손이 선택한 이유를 알 수 없기에 "모른다"고 답하는 게 최선이다. 하지만 좌뇌는 '작년에 스키 타러 갔던 게 기억나서' '실험 전 로비에서 겨울 풍경이 담긴 잡지를 보았기 때문에' 같은 그럴싸한 작화confabulation를 만들어낸다. 그런데 이는 사실이 아니다.

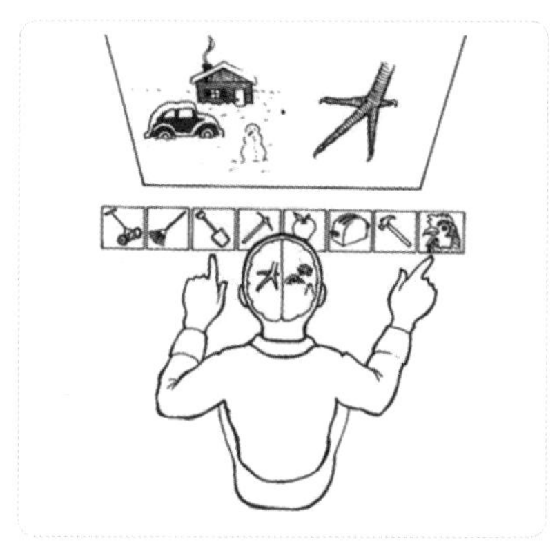

스페리는 분할 뇌 실험의 결과들은 빙산의 일각일지 모른다고 주

장한다. 우리는 매일 수많은 선택을 한다. 그리고 어쩌면 우리는 자유롭게 선호하고 선택한 행동을 실천하는 게 아니라, 먼저 무의식적으로 선택된 행동을 하고 그후 우리의 행동을 정당화하는지도 모른다는 것이다. 스페리의 가설이 맞다면 인간은 선택의 자유를 가진 게 아니라 선택 정당화의 자유만 가지고 있는지도 모른다는 우울한 생각을 해본다.

4000원짜리 커피가 2000원짜리보다 맛있는 이유

선택을 정당화하는 뇌의 횡포(?)는 또 있다. 독일에서 오래 살았던 나에겐 두 가지 의문이 있었다. 첫째는 '괴테, 칸트, 베토벤 같은 위대한 철학자와 예술가를 탄생시킨 나라가 어떻게 아우슈비츠, 부헨발트, 트레블링카 같은 수용소에서 600만 명이 넘는, 그것도 바로 몇 달 전까지 의사, 변호사, 교사로 함께 일하던 유대인들을 마치 바퀴벌레를 잡듯 학살할 수 있었을까'였다. 둘째는 '누구도 부인할 수 없는 수많은 증거가 있는데 왜 여전히 홀로코스트(유대인 대학살)를 부인하는 사람들이 있는가'였다.

첫번째 의문에 대해선 여러 가지 정치적 · 경제적 · 역사적 · 사회적 이유를 들 수 있을 것이다. 어쩌면 사상가 테오도어 아도르노Theodor Adorno가 "아우슈비츠 이후에 아름다운 시를 쓴다는 것은 야

괴테

칸트

독일인의 뇌가
신뢰하는 것

아우슈비츠 수용소

독일인의 뇌가
잊으려는 것

만적인 행동이다"라고 했듯, 우리는 문화가 인류의 문명화에 미치는 영향을 과대평가하는지도 모른다. 하지만 적어도 두번째 의문에 대해서는 뇌과학적인 해석을 시도해볼 수 있다.

몇 년 전, 한 패스트푸드 업체에서 2000원이라는 상대적으로 저렴한 가격의 커피를 선보이며, '2000원' '4000원'이라고 적혀 있는 두 개의 컵에 같은 커피를 담아 맛보게 했었다. 두 커피는 화학적으로 동일했고, 혀에 느껴진 맛도 당연히 같았을 것이다. 하지만 많은 사람들이 4000원짜리 커피가 2000원짜리보다 더 맛있다고 답했다. 그뿐 아니었다. "나는 맛에 민감한데, 4000원짜리는 설탕 없이도 단맛이 난다" "부드럽고 마시기 편하다" 등 왜 4000원짜리 커피가 2000원짜리보다 더 맛있는지에 대해 상당히 구체적인 이유를 들어 설명하는 사람들이 있었다. 왜 사람들은 동일한 커피를 가지고 맛이 다르다고 느끼는 것일까?

뇌가 세상을 이해하기 위해서는 외부에서 들어오는 사실과 이미 내부적으로 갖고 있는 믿음을 적절히 조합해야 한다. 하지만 믿음과 사실이 일치하지 않으면 어떻게 해야 할까? 과학에서는 이럴 경우 믿음을 바꾸라고 가르친다. 하지만 뇌는 과

왜 똑같은 커피인데, 가격에 따라 맛이 다르게 느껴질까?

©chichacha | Flickr.com

학자가 아니다. 뇌는 지금 한순간 얻은 데이터보다 오래전부터 가진 고정관념을 더 신뢰하고, 사실을 왜곡하기 시작한다. 현대인은 '비싼 게 더 좋다'는 믿음을 가지고 있기에 같은 맛으로 느껴지는 두 개의 커피 중 4000원짜리를 선호하는 것이고, '독일은 문화국가' '일본 대동아공영권' '소비에트 공산주의' 같은 이데올로기를 믿는 사람들은 '홀로코스트' '난징 대학살' '시베리아 집단수용소' 같은 사실들을 무시한다.

불편한 사실보다 '4000원짜리 이데올로기'를 선호하면서 뇌도 무언가 찜찜하다고 느낀다. 그리고 뇌는 자신의 믿음을 정당화하는 수많은 스토리를 만들어내기 시작한다. 그래서 결국 변명이 길어지면 뇌 스스로도 믿음과 사실의 오차를 느끼고 있다는 것을 우리는 알 수 있다.

그래도 우리에겐 뇌에 굴복하지 않을 자유가 있다

우리가 아닌 뇌가 선택을 하고, 또 그 선택을 정당화하기까지 한다면 우리는 그저 속수무책일 수밖에 없는 걸까?

우리는 살면서 수많은 결정을 해야 한다. '오늘은 어떤 옷을 입을까? 어느 학교에 진학하는 게 좋을까? 누구랑 결혼해야 할까?' 어쩌면 인생은 태어나서 죽을 때까지 계속되는 선택의 연속이라고 볼 수 있다. 그리고 우리는 확신한다. 타인으로부터 강요당하는 특정 상황을 빼고는 우리는 당연히 우리가 원하는 것을 선택한다고. 예를 들어, 지금 이 순간 나는 내 팔을 들고 싶을 수 있다. 그리고 '팔을 들고 싶다'는 생각이 들기에, 팔을 들게 된다. 의지는 자유로운 '주인'이며, 선택은 의지의 명령을 따라야 하는 '노예'일 뿐이라는 것이 우리의 믿음이다. 하지만 정말 그런 걸까?

유명한 리벳 실험Libet's Experiment에 따르면, 의지와 선택은 조금 더 복잡한 관계를 맺고 있을 수도 있다. 벤저민 리벳Benjamin Libet 교수의 실험은 간단하다. 손가락 또는 팔을 움직이기 약 1초 전 일부 대뇌 운동 영역에선 '준비전위readines spotential'라 불리는 특정 뇌파신호를 측정할 수 있다. 리벳 실험에서는 피험자에게 언제든지 자신이 원할 때 손을 움직이되, 손을 움직이고 싶다는 의지가 생기자마자 버튼을 누르도록 했다. 결과는 뜻밖이었다. 피험자가 '손을 움직이고 싶다'라는 마음이 생기기 전, 피험자의 뇌에서 준비전위를 측정할 수 있었기 때문이다. 결국 의지가 생기기 전부터 뇌는 선택하고 움직일 준비를 한다는 결론을 낼 수 있다. 몸의 선택은 우리의 자유의지만으로 결정되는 게 아니라는 이야기다. 그렇다면 우리의 선택은 누구를 통해 어떻게 결정되는 것일까?

그리스신화에는 아름다운 미모와 노래로 뱃사공들을 홀려 배를 침몰시킨다는 '세이렌'이 나온다. 호기심 많은 오디세우스는 세이렌이 사는 섬을 지나가기로 결정하지만, 만약을 대비해 자신을 묶어놓으라 명령한다. 결국 오디세우스 역시 세이렌의 아름다운 노랫

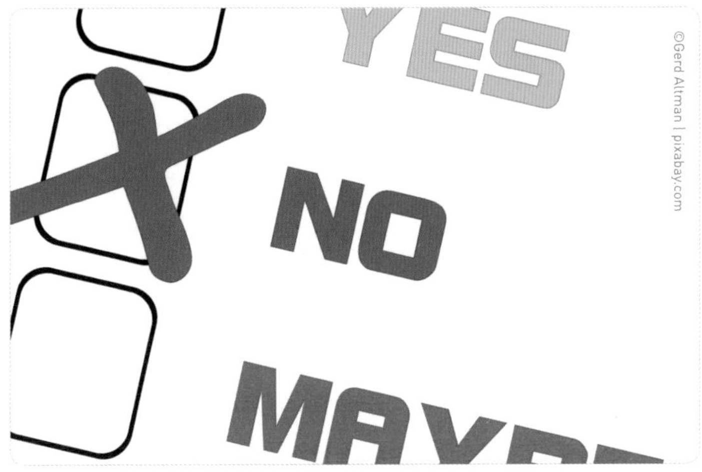

아무리 뇌가 'yes'라 명령할지라도 우리에겐 'no'라고 말할 수 있는 자유가 있다

소리에 매혹당하지만, 멍청한 선택을 할 수도 있을 미래의 자신을 믿지 않은 덕분에 살아남을 수 있었다.

우리의 선택을 좌우하는 원인은 수도 없을 것이다. 진화·유전적 성향 같은 선천적 원인도 있을 것이고, 교육·경제적 조건, 주변 친구들 같은 후천적 이유도 있을 수 있다. 결국 수많은 조건과 원인이 '인지적 풍경'을 구현하며, 우리의 선택은 그런 풍경에서 물이 흐르듯 다양한 조건과 원인을 통해 '자동'으로 계산된다는 이론을 만들어볼 수 있다. 하지만 절대적으로 자유로운 의지는 존재하지 않는다고 가설을 세우더라도 인간의 모든 행동이 용서되는 것은 물론 아니다. 우리는 오디세우스같이 미래에 내릴 수도 있는 우리 자신의 멍청한 선택을 예측할 수 있기에, 아무리 뇌가 'yes'라고 명령할지라도 'no'라고 말할 수 있는 자유를 가지고 있기 때문이다.

양쪽 뇌와 뇌량

인간의 뇌에 대한 흥미로운 사실 중 하나는, 뇌가 거의 유사한 두 부분, 즉 오른쪽과 왼쪽으로 이루어져 있다는 것이다. 이들은 크기와 모양이 거의 같아서 별다른 차이가 없어 보인다. 보통 왼쪽 뇌는 신체의 오른쪽으로부터 입력신호를 받는데, 예를 들면 오른손이나 시각 영역의 오른쪽으로부터 나온 정보는 왼쪽 뇌에 도착한다. 반면에 오른쪽 뇌는 모든 정보를 신체의 왼쪽으로부터 받는다.

그냥 겉으로 보면 비슷해 보이지만 양쪽 뇌는 서로 다른 일을 할 것이라는 가설도 있다. 왼쪽 뇌는 수학적이고 논리적인 생각을 담당하고, 오른쪽 뇌는 언어나 감정 처리를 맡는다는 주장이다. 그러나 이것은 논쟁의 여지가 많다. 확실한 것은, 양쪽 뇌가 하는 일이 각각 다르더라도 그 차이가 일상생활에서는 거의 드러나지 않을 정도로 미미하지만, 언어만은 분명한 차이가 있다

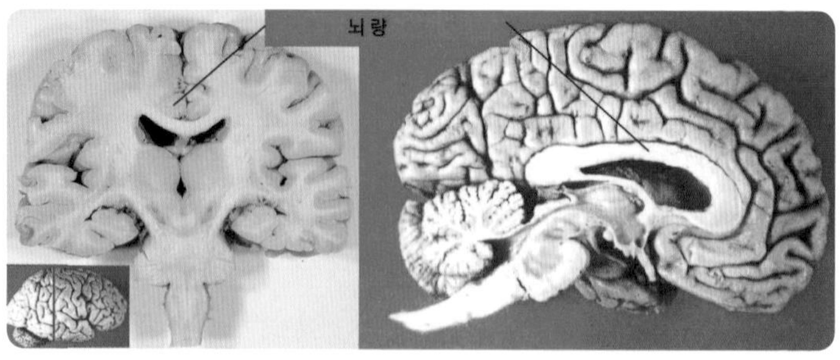

는 사실이다. 아주 오래전부터 인간의 언어는 주로 왼쪽 뇌에서만 처리된다고 알려져왔다. 그리고 오른쪽 뇌는 음악을 담당하면서 독특한 소리정보를 처리한다.

이처럼 양쪽 뇌의 가장 큰 차이점은, 왼쪽 뇌에서만 인간의 언어가 처리된다는 점이다. 그렇다면 왼쪽 뇌는 어떻게 신체의 오른쪽으로부터 도착한 정보를 아는 것일까? 이것은 뇌량이라고 불리는 2억 개 이상의 축삭돌기 다발이 교량 역할을 하기 때문에 가능하다. 뇌량은 오른쪽과 왼쪽을 연결하는 부분인데, 이곳을 통해 정보가 교환된다. 그래서 왼쪽 뇌는 언제나 신체의 오른쪽에서 무슨 일이 일어나고 있는지 알 수 있는 것이다.

Brain Story
05

내 머릿속엔 '수많은 나'가 살고 있다

연말마다 반복되는 '전통'이 하나 있다. 바로 나 자신과의 약속이다. 내년에는 규칙적으로 운동도 하고, 술도 줄이고, 다이어트도 하며, 좋은 책도 많이 읽겠다는 다짐 같은 것 말이다. 그리고 연초마다 반복되는 또하나의 전통이 있다. 새해가 시작된 지 2, 3주 안에 나와의 약속 대부분을 포기하는 것이다. 내 행동과 생각은 나 자신이 통제하는 것이 아닌가? 그런데 왜 나 자신과 약속한 것들을 내가 지키는 일이 그토록 어려운 것일까?

'약속하는 나'와 '실행하는 나'는 다르다

약속이란 무엇인가? 약속이란 현재의 나와 미래의 나 또는 미래의 타인과의 계약이다. 과거와의 약속은 논리적으로 불가능하고 미래는 아직 존재하지 않는다. 그런데 어떻게 존재하지 않는 '미래의 나'가 지킬 약속을 지금 이 순간 '현재의 나'가 할 수 있을까.

결국 약속이란 '미래의 나라면……' 하고 상상하는 현재의 내가 세우는 계획이다. 그렇다면 핵심은 '미래의 내가 어떻게 행동할 것인가'가 아니고, '현재의 내가 미래를 예측하는 나 자신을 얼마나 믿고 있느냐'다. 내가 나를 믿는 것은 당연한 일인데 얼마나 믿고 있느냐니, 의아할 수도 있겠다.

우선 타인과의 약속을 생각해보자. 내가 사기꾼이라면 처음부터

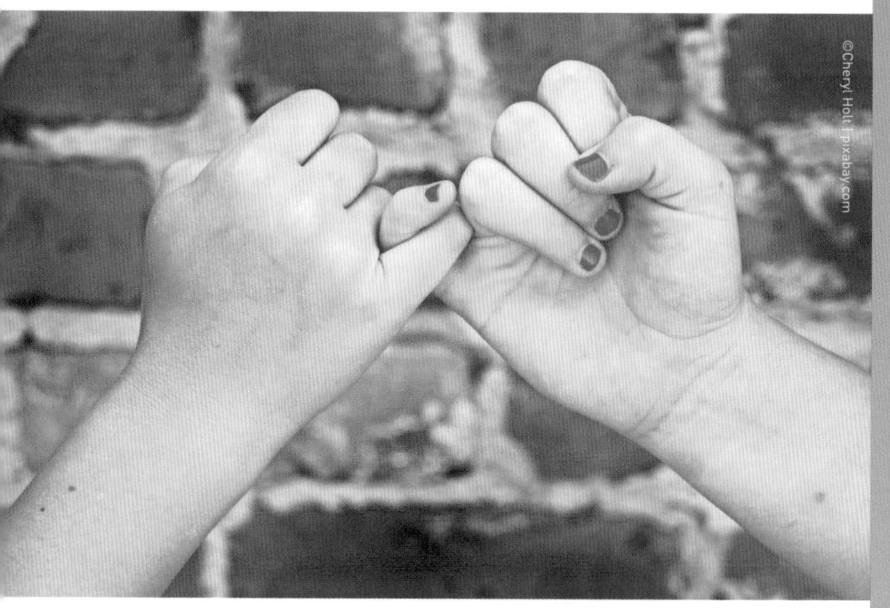

왜 나 자신과의 약속은 지키기 어려운 걸까?

약속을 지킬 마음이 없었을 것이다. 이건 단순한 도덕적·법적 문제이지 뇌과학적 문제는 아니다. 그렇다면 꼭 지키고 싶었지만 지킬 수 없게 된 약속은 어떨까? 아이에게 비싼 선물을 사주겠다고 약속한 부모, 학생들에게 무료 급식을 약속한 정부가 이런 케이스에 속한다. 약속은 하늘이 무너져도 꼭 지켜야 할까? 물론 아니다. 미래는 예측 불가능하다. 약속할 당시의 세상과 약속을 지켜야 할 시점의 세상은 근본적으로 다를 수 있다. 가장이 실직할 수도 있고, 국가가 파산할 수도 있다. 통계학적인 변동 범위를 크게 넘는 수준으로 세상이 변했다면 과거에 했던 약속은 당연히 무의미해진다. 하늘이 무너지면 약속을 지킬 사람도, 약속을 지켰는지 물어볼 사람도 더이상 없다는 말이다.

그렇다면 나와의 약속은 어떨까? 내가 나에게 사기칠 이유도 없고, 2014년 초의 대한민국이 2013년 말과 근본적으로 달라질 확률도 거의 없다. 그런데도 나와의 약속을 지키기가 왜 이렇게 어려울까? 나 자신과 '약속한 나'는 약속을 실질적으로 '실행할 나'와는 다른 존재이기 때문이다.

대부분 사람이 단일 신을 믿듯, 우리는 대부분 '단일 나'를 믿는다. 하지만 뇌 안의 100억 개가 넘는 신경세포는 동시에 수많은 정보를 병렬처리한다. 뇌 안에는 '다양한 나'가 존재한다는 뜻이다. 대기업에는 생산팀, 재무팀, 홍보팀 등이 존재한다. 동시에 수많은 일이 벌어지지만, 외부와의 소통은 가능한 긍정적인 메시지를 전달하려는 홍보팀을 통해 주로 이루어진다. 뇌도 비슷하다. 지금 나 자신과 약속하는 나는 우리 뇌의 홍보팀인 셈이다. 결국 내년엔 더 건강하게 살겠다고 약속하는 나는 내년엔 더 건강하게 살면 좋겠다는 희망사항을 말할 뿐이라고 할 수 있다.

과거, 현재, 미래를 보는 뇌는 따로 있다

머릿속에 '수많은 나'가 살고 있다고 한다면, 우리는 그중 어떤 나를 믿어야 할까? 뇌를 연구하다보면 저절로 한숨이 나올 때가 가끔 있다. '도대체 뇌 구조는 왜 이렇게 복잡해야 하는지? 또 뇌의 회로망들은 꼭 저렇게 비효율적이고 비논리적인 구조를 가지고 있어야 하는지?' 그럴 때마다 뇌과학은 자연과학이라기보다 고고학에 더 가깝다고 표현한 한 친구의 조언을 생각하게 된다.

로마나 예루살렘처럼 수천 년 전부터 사람들이 살아왔던 도시를 방문하면 비좁고 비효율적인 도로 설계에 놀라곤 한다. 물론 그 이유는 간단하다. 허허벌판에 신도시를 세우는 우리나라와는 다르게, 대부분의 고대도시들은 논리적인 계획 아래 한번에 설계되기보다는 살면서 자연스럽게 변화하기 때문이다. 새로운 길을 만들 때 특별한 이유가 없다면 기존 길을 유지한다. 있는 걸 없애는 데도 시간과 자원이 들기 때문이다.

비슷하게 우리 뇌 안에도 진화적 고대 신경망들이 여전히 보전돼 있다. 만약 뇌가 컴퓨터라면 인간의 뇌 안엔 여러 대의 컴퓨터가 동시에 작동하고 있다는 가설을 세울 수 있다. 그럼 뇌 안에는 어떤 컴퓨터가 있을까? 적어도 세 가지, 질적으로 다른 운영체제를 가진 컴퓨터가 우리의 행동을 통제하지 않을까 싶다.

우선 중뇌midbrain, 뇌간brainstem 등에 자리잡은 파충류식 신경회로망들은 '현재' 위주로 작동한다. 지금 먹을 것이 눈앞에 보이면 건강이나 도덕적 기준을 따지지 않고 우선 먹고 본다. 물론 이건 위험할 수도 있는 행동이다. 그래서 다음 단계로 '과거'를 기억하는 포유류식 뇌가 대뇌변연계limbic system를 중심으로 자리잡게 된다. 음식이 앞에 있어도 과거 비슷한 경험을 기반으로 먹어도 되는지 아니면

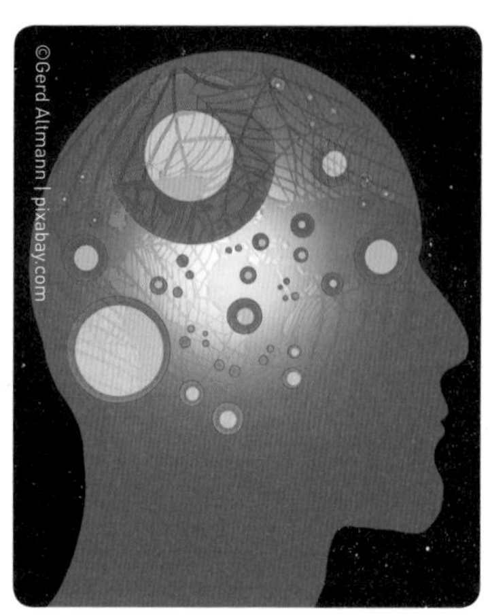

뇌 안에는 진화적 고대 신경망들이 여전히 보전돼 있다

참아야 하는지를 결정할 것이다. 과거의 기억 위주로 '좋다' 또는 '나쁘다'라는 도덕적 기준이 생기고, 이런 기준이 아마도 감정의 원천 출처가 아닐까 생각해볼 수 있다.

인간 같은 영장류의 뇌에서 신피질neocortex은 특히 큰데, 그 아래 모든 기존 뇌가 신피질에 덮여 있음을 관찰할 수 있다. 그럼 신피질은 어떤 성격의 컴퓨터일까? 진화적 구식 뇌가 현재와 과거 위주로 작동한다면, 신피질은 아마도 '미래' 성향의 운영체제를 가져야 하지 않을까라는 이론을 세워본다. 신피질이 발달한 인간은 눈앞에 당장 먹음직스러운 음식이 있어도 식량이 모자랄 수도 있는 미래를 걱정해, 지금 당장의 행복을 희생할 수 있는 현명함을 가지게 된다.

같은 시간과 조건 아래 우리는 대부분 한 가지만 선택할 수 있다. 하지만 우리 뇌는 동시에 현재, 과거, 미래 위주의 세 가지 의견을 제시한다. 그래서 '맞다' '틀리다' 식의 원천적 기준보다는 미래, 과거, 현재, 이 세 가지 시간적 조건 아래 가장 적합한 선택을 하는 게 중요하다.

레고 같은 뇌?
'회로망' 모여 다양한 기능 수행

현대 뇌과학에서 가장 많이 사용하는 도구 중 자기공명영상 Magnetic Resonance Imaging, MRI이라는 게 있다. 수십억 원의 가격에 다루기도 어렵고, 시간적 · 공간적 해상도에 여러 문제가 있지만, 뇌를 직접 건드리지 않고 뇌의 다양한 상태를 촬영할 수 있다는 큰 장점이 있다. 특히 MRI의 여러 방식 중 하나인 '기능적 자기공명영상 functional MRI, fMRI'을 사용하면 살아 있는 뇌의 지각 · 인지 · 감성과 연관된 기능적 상태를 한눈에 볼 수 있다.

fMRI는 1990년대 초 처음 나온 이래 수많은 연구를 가능하게 했다. 그 결과 인간의 뇌는 위치마다 독특한 기능을 가지고 있음이 알려졌다. 얼굴, 몸, 도구, 사물의 움직임, 3D, 글쓰기 등 서로 비슷한 정보를 처리하는 신경세포들끼리 비슷한 곳에 뭉쳐 있어 뇌 전체가 마치 모듈 같은 영역으로 나뉘어 있다는 것이다. 사실 '모듈식' 뇌 구조는 이미 20세기 초 독일 뇌과학자 코르비니안 브로드만Korbinian Brodmann을 통해 제시된 바 있다.

브로드만은 신경세포의 조직적 구조를 연구했는데, 위치에 따라 신경세포의 크기 · 구조 · 밀도가 다르다는 사실을 발견했다. 이를 세포조직적으로 비슷한 영역끼리 묶어 지도화한 것이 바로 오늘날 '브로드만 지도'라고 불리는 뇌 조직 표준 지도이다. 신기한 것은 브로드만 지도와 fMRI를 통해 얻은 기능적 뇌 지도가 상당히 일치한다는 점이다. 결국 뇌는 기능적으로 서로 구별되는 영역으로 나뉘며, 이 기능적 영역은 각자 다른 신경세포의 조직적 구조로 설명할 수 있다는 것이다.

정말 뇌의 모든 기능이 각각 다른 뇌 영역으로 구별될 수 있을까? 인간 뇌의 기능은 거의 무한이지만, 뇌 영역은 한계가 있다. 모든 기능을 영역적으로 나눠 구현한다는 것은 불가능하지 않을까?

그렇다면 그 수많은 기능은 어떤 식으로 뇌에 구현되어 있을까? 이론적으로 많은 시나리오가 가능하겠지만, '레고 형식'의 구조를 생각해볼 수 있다. 브로드만이 발견한 것처럼 뇌는 영역마다 세포 조직적 차이가 있다. 하지만 시각·청각·인지 관련 뇌 영역은 기능적으로는 비교할 수 없을 만큼 다른 정보들을 처리해야 함에도 너무나도 비슷한 세포 간의 회로망을 가지고 있다. 더구나 대뇌피질은 반복되는 서로 비슷한 회로망으로 구현되어 있다는 인상을 준다. 그렇다면 우리는 새로운 레고식 뇌 기능 구조를 제안할 수 있다. 마치 기본 레고 블록들을 모아 다양한 모양을 구현할 수 있듯이 뇌 역시 동일한 기본 회로망을 잘 연결해 무한에 가까운 인간의 뇌 기능을 만들어낼 수도 있을 것이라는 가설이다.

뇌의 젊은이, 대뇌피질

일반인들은 '뇌' 하면 '대뇌피질cerebral cortex'이라고 불리는 깊은 주름과 굴곡으로 이루어진 이미지를 떠올린다. 대뇌피질은 밖으로 보이는 뇌의 한 부분으로 1센티미터도 안 되는 얇은 세포막으로 만들어졌다. 이 얇은 막이 편도핵이나 시상 같은 뇌의 다른 부분을 감싸고 있다.

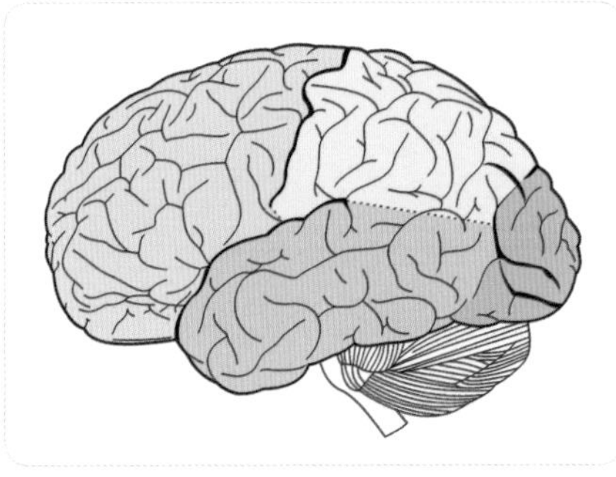

대뇌피질은 뇌에서 '젊은이'라고 할 수 있다. 진화론적으로 더 오래된 것일수록 뇌의 중심에 위치하는데, 뇌의 중심에는 '핵'이 있고 젊은 대뇌피질이 그 핵을 둘러싸고 있다. 파충류나 어류 등 원시동물의 뇌는 거의 뇌의 핵 부분만 가지고 있다. 진화가 계속되면서 대뇌피질은 점점 더 커지게 됐고, 결국엔 중심핵을 모두 뒤덮게 됐다. 그와 동시에 보고 듣는 것과 같은 중심핵의 역할도 대뇌피질에서 하게 됐다.

Part 02

Brain Story
06

책을 보듯 상대의 마음을 읽을 수 있다?

©Gerd Altman | pixabay.com

인간이란 무엇일까? 사람처럼 생기고, 말하고, 행동하고, 생각하면 사람이겠다. 그렇다면 사람하고 구별하기 어려울 정도로 정교하게 만든 마네킹 역시 사람일까? 물론 아니다. 거꾸로 말해 사고로 팔다리가 잘리고 온몸에 화상을 입어도 사람은 분명 여전히 사람이다.

그럼 말과 행동은 어떨까? 인공지능 기술의 발달 덕분에 인간의 언어와 행동을 모방하는 기계가 속속 등장하고 있다. 하지만 그들 역시 잘 만들어진 기계일 뿐이다. 결국 '인간'의 본질은 인간처럼 생각할 수 있는 인지능력 그 자체에서 시작된다고 가설을 세워볼 수 있다. 인종, 생김새, 기억, 신분, 능력은 사람마다 다를 수 있다. 하지만 모든 인간은 '뇌'라는 특정 기계를 갖고 있기에 세상을 보고 느끼고 기억할 수 있다. 기억하고 느끼고 지각한 현실은 우리에게 '판단'을 가능하게 한다. 세상을 느끼고, '나'라는 존재가 원하는 대로 선택할 수 있는 '자유의지'가 바로 뼈와 세포 덩어리로 만들어진 우리를 사람으로 만들어주는 본질일지 모른다.

뇌가 바로 인간이라고?

2014년 새롭게 리메이크된 영화 〈로보캅〉이 개봉됐다. 내용은 간단하다. 사고로 신체 대부분을 잃은 어느 경찰관이 최첨단 기술을 보유한 한 회사의 도움으로 '기계인간'으로 재탄생한다. '생각할 수 있지만 움직일 수 없는 뇌'와 '행동할 수 있지만 생각할 수 없는 기계'를 연결한 것이다.

그는 여전히 인간일까? 아니면 단순히 뇌라는 세포 덩어리를 가진 로봇일까?

역시나 핵심은 '자유의지'다. 세상을 인식하고 자신이 원하는 바를 선택할 수 있다면 그는 여전히 인간이다. 반대로 모든 선택을 기계인 그의 몸이 내린다면 그는 단지 잘 만들어진 기계에 불과하다.

완성된 기계인간의 성능은 실망스러웠다. 데이터를 분석해 자동으로 행동하는 기계와는 달리, 뇌는 '나는 진정으로 그걸 원하는가'라는 선택을 해야 한다. 인간에게는 선택의 자유가 있기에 기계보다 더 느리고 더 비효율적일 수밖에 없다. 이미 로보캅에게 천문학적인 투자를 한 회사는 결국 그의 뇌를 업그레이드하기로 결정한다. 앞으로 그의 모든 선택은 몸이 자동으로 내린다. 대신 뇌에 새로 심어진 '자유의지 착시 칩'을 통해 실행된 행동이 자신의 자유로운 선택의 결과라는 착시를 만들어준다.

〈로보캅〉은 물론 영화에 불과하다. 하지만 수많은 뇌과학 연구 결과는 어쩌면

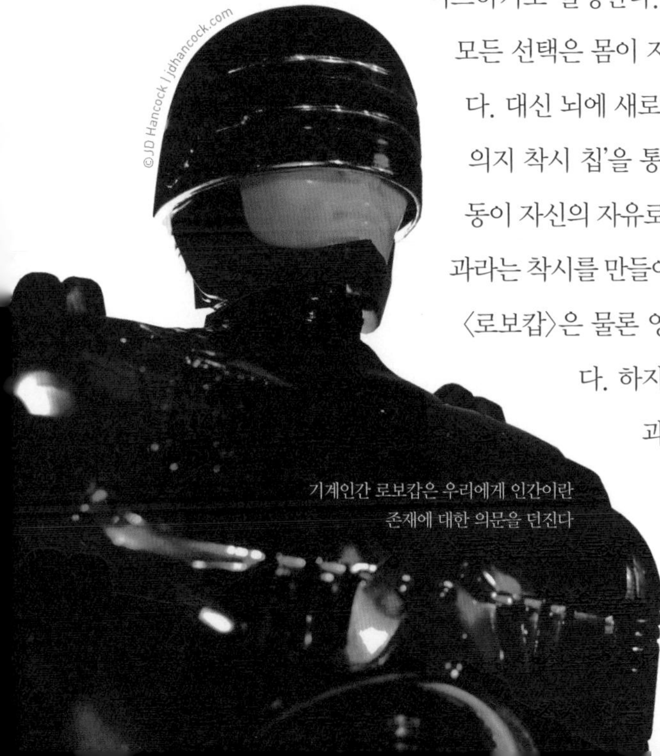

기계인간 로보캅은 우리에게 인간이란 존재에 대한 의문을 던진다

우리 인간 역시 이미 '자유의지 착시 칩'을 착용하고 있지 않을까 하는 의심을 하게 한다. 우리가 행하는 대부분의 행동은 '뇌'라는 잘 만들어진 기계를 통해 자동으로 선택되지만, 동시에 우리에게 그 선택이 결국 '나'라는 자아의 자유의지적 결정이었다는 믿음을 만들어낸다는 말이다. 만약 이 가설이 맞다면 우리가 답해야 할 가장 중요한 질문은 이것이다.

"왜 인간은 '자유의지'라는 착각을 갖도록 진화된 것일까?"

그런 뇌가 컴퓨터처럼 해킹당한다면……

주세페 베르디의 오페라 〈리골레토〉는 "여자의 마음은…… 바람에 날리는 갈대와 같은"이라는 아름다운 아리아로 유명하다. 하지만 확신이 없는 것이 어디 여자의 마음만이겠는가. 정치인들, 기업인들, 연예인들의 인터뷰를 읽다보면, 정말 그들의 속마음이 무엇인지 알고 싶을 때가 많다.

하지만 내 생각은 나만이 알 수 있는 것 아닌가? 다른 사람의 생각을 읽는다는 게 과학적으로 가능할까?

뇌과학을 연구하는 사람들은 가끔 "국정원이 내 뇌를 도청하고 있다"든지 "우주인이 뇌 안에 마이크를 심어놓고 명령을 내린다" 등을 주장하는 사람들로부터 연락을 받는다. 물론 현실에선 모두 불가능한 기술들이기에 연락하신 분들께 의사 선생님과 상의해볼 것을 권장한다. 하지만 만약 현재 진행되고 있는 브레인 리딩brain reading과 브레인 라이팅 기술이 계속 발전하면 비현실적인 공상과학 영화에나 나올 만한 일이 아닐 수도 있다.

뇌의 기본 구조원리 중 하나로 '위치주의'를 들 수 있다. 뇌가 담당하고 있는 수많은 기능이 무작위가 아니라 특정 위치 위주로 뇌 안에 분포돼 있는 현상이다. 예를 들어 시각은 뇌의 뒤쪽, 청각은 옆쪽, 인지기능은 앞쪽에 자리잡고 있다. 뇌 기능과 뇌 영역 간에 상호관계가 있을 것이라는 가설은 이미 18세기에 해부학자 프란츠 갈Franz Gall의 '골상학骨相學, phrenology'을 통해 알려진 바 있다. 물론 골상학 자체는 사이비 과학이었지만 많은 기능이 뇌의 특정 영역을 차지하고 있다는 점은 수많은 실험을 통해 밝혀진 사실이다.

여기서 논리적 문제가 생긴다. 뇌는 당연히 한정된 면적을 가지고 있다. 하지만 인간 뇌의 기능은 무한에 가까울 만큼 많을 것이다. 어떻게 한정된 면적을 통해 무한에 가까운 기능을 표현할 수 있을까? 현대 뇌과학이 내놓는 답은 '뇌 패턴'이다. 시각·청각·인지 같은 거시적인 기능들은 뇌의 특정 위치를 차지하고 있지만, 조금 더 구체적인 기능들은 신경세포의 차별화된 시공간적 활성 패턴으로 부호화돼 있다는 것이다. 예를 들어 생명체를 볼 때의 뇌 패턴은 살아 있지 않은 물체를 볼 때와 다르고, 다른 사람을 볼 때 생기는 패턴은 동물을 볼 때 관찰할 수 있는 패턴과 다르다. 더 나아가 사람 얼굴을 볼 때 시각뇌에서 만들어지는 활성적 패턴은 얼굴 외 몸의 다른 부위를 볼 때와 구별된다.

물론 거꾸로 뇌 패턴을 측정한 후 그 패턴의 의미를 패턴 인식과 기계학습machine learning(컴퓨터가 학습할 수 있도록 알고리즘과 기술을 개발하는 분야)이라는 방법을 통해 판독해볼 수도 있다. 미국 버클리 대학의 잭 갤런트Jack Gallant 교수는 이런 방법을 통해 2012년 피실험자가 동영상을 볼 때 얻은 뇌 패턴으로 그 동영상의 내용을 통계학적으로 추론해내는 데 성공했다.

방법은 그렇게 복잡하지 않다. 우선 피험자가 소수의 동영상들을 볼 때 뇌에서 만들어지는 활성 패턴을 fMRI로 관찰한다. 동영상들과 뇌 패턴 간의 상호관계는 신호 처리방법을 통해 수식화할 수 있다. 그런데 여기서 문제가 생긴다. 우리가 살며 볼 수 있는 동영상은 무한에 가깝지만 fMRI로 얻을 수 있는 데이터는 한정돼 있다. 그래서 버클리 팀은 유튜브에서 수많은 동영상을 내려받은 후 '만약 피험자가 이 동영상들을 봤다면 뇌에선 어떤 패턴이 나왔을까?' 하는 가상 fMRI 데이터를 계산해냈다. 결국 다양한 동영상을 봤을 때 관찰할 수 있는 뇌의 패턴을 모은 '패턴 사전'을 만든 셈이다.

마지막으로 피험자에게 아무 동영상이나 보여주고 뇌에서 측정한 패턴과 '사전'에 기록된 패턴을 비교하면 피험자가 무엇을 보았는지 통계학적으로 추론해낼 수 있게 된다. 비슷한 방법으로 일본 ATRAdvanced Telecommunications Research연구소의 가미타니 유키야스神谷之康 박사는 잠자는 피험자의 꿈 내용을 fMRI를 통해 추측해냈고, 버클리 대학의 존 추앙John Chuang 교수는 컴퓨터게임 중 볼 수 있는 다양한 숫자에 대한 뇌의 반응을 통해 피험자의 은행계좌 비밀번호

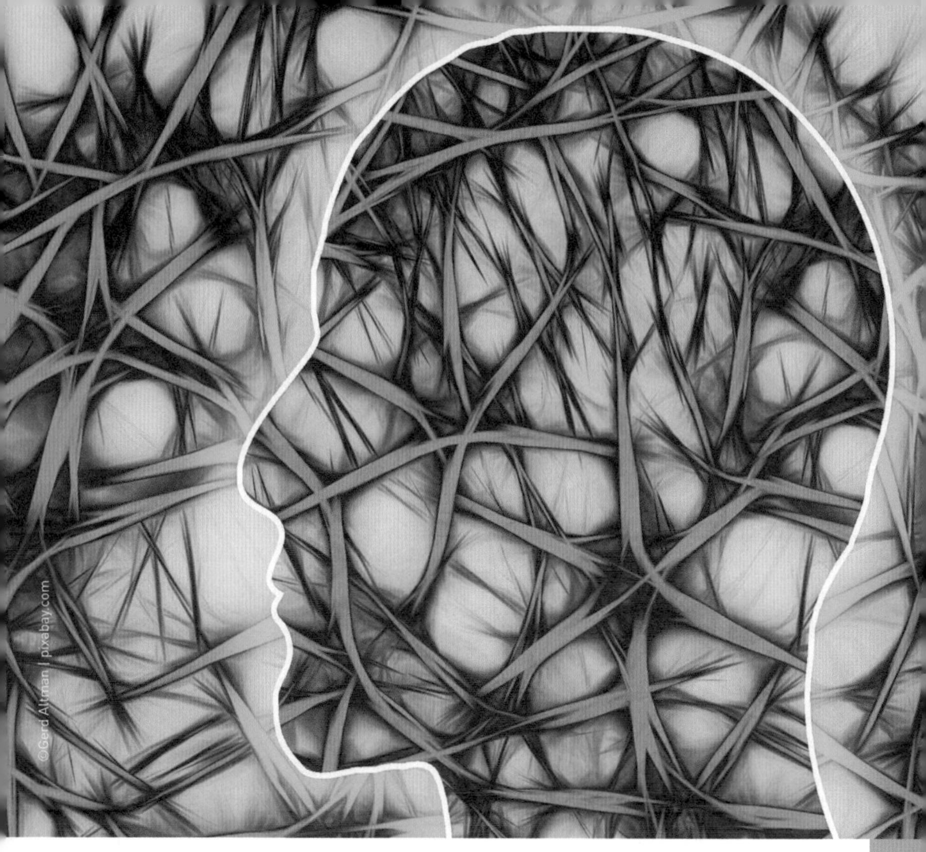

'뇌 해킹'과 '뇌 보안'에 대해 진지하게 걱정해야 할 날이 그리 멀지 않아 보인다

를 알아낼 수 있었다. 그런가 하면 일리노이 대학의 존 로저스John Rodgers 교수 팀은 무선으로 조종할 수 있는 세포 크기의 LED를 개발해 앞으로 광유전자식 브레인 라이팅 기술에 활용할 계획이다.

"자장면보다 짬뽕이 더 좋아" "K팝스타는 누구누구가 최고야" "다음 선거 땐 누굴 찍어야지"…… 우리는 수많은 생각과 결정을 하며 살아간다. 그리고 우리는 확신한다. 우리의 생각은 당연히 우리 것이라고.

하지만 만약 내 생각이 사실 내 것이 아니라면? 나도 모르는 사이에 타인이 내 생각을 읽고, 새로운 정보를 입력했는데 단지 나의 생각이라고 착각하고 있는 것이라면? '뇌 해킹'과 '뇌 보안'에 대해 진지하게 걱정해야 할 날이 그리 멀지 않아 보인다.

'사생활'이 사라진 세상

사실 뇌 보안을 걱정하기에 앞서, 우리에겐 사생활 보호란 과제가 코앞에 놓여 있다. 독일과 브라질이 제안한 '디지털 시대의 사생활 보호권The right to privacy in the digital age' 결의가 2013년 UN 총회에서 받아들여졌다. 왜 하필 독일과 브라질이 이런 결의안을 냈을까? 미 중앙정보국CIA과 미 국가안전보장국NSA에서 일했던 미국의 컴퓨터 기술자 에드워드 스노든Edward Snowden이 폭로한 브라질 대통령과 독일 총리 도청 사건과 연관될 것이다. 스노든은 NSA의 무차별적 개인정보 수집 사실을 폭로했고, 이로써 디지털 시대의 개인 프라이버시에 대한 논쟁에 불을 붙였다. 이번 UN 결의에 따르면 각 국가들은 개인의 사생활 정보를 존중해야 함은 물론이고, 구체적인 규정을 통해 개인의 디지털 정보를 보호할 의무가 있다.

그런데 사생활 정보, 프라이버시란 도대체 무엇일까? 크게 세 가지로 나눌 수 있겠다. 우선 나의 생각 그 자체가 나의 최우선 프라이버시라고 할 수 있겠다. 수백억 개의 신경세포 간의 정보 전달과정을 통해 형성되는 '생각'은 지금까지 인류 역사상 오로지 나만이 읽을 수 있었기 때문이다. 생각은 선호도를 만들어내고, 선호도는 선택으로 실천된다. 고로 선택은 나의 두번째 핵심 프라이버시라고 할 수 있겠다. 그리고 마지막 단계의 프라이버시는 공공장소에서 나라는 존재를 숨길 수 있는 권리를 말하겠다.

사회와 기술이 발달하며 프라이버시라는 개념이 점점 무의미해지는 것은 사실이다. 공공장소에서 존재감을 숨기는 일은 유명인들에게만 어려운 문제가 아니다. 일반인 역시 수많은 CCTV와 스마트폰 카메라에 찍히지 않는다는 보장이 없기 때문이다. 그리고 NSA 같은 정부기관들은 우리의 선택을 탐지하고 빅데이터big data 처리 기술을 통해 우리들의 미래 선택을 예측할 수 있다. 어디 NSA뿐일까? 구글, 페이스북 같은 기업 역시 예측분석 기술을 통해 사용자의 선호도와 미래 선택을 수학적으로 추론하려 노력하고 있다. 그리고 앞서 말했듯 현재 개발중인 브레인 리딩 기술이 지속적으로 발전한다면 머지않은 미래에 개개인의 생각 자체 역시 '도청'과 '예측'이 가능해질 것이다.

그렇다면 악마의 변호사 같은 질문을 해볼 수 있다. 왜 우리는 프라이버시를 꼭 보호해야 할까? 프라이버시란 어차피 인간의 영원한 기본 인권이라기보다 역사적 배경을 통해 만들어진 근대 현상 중 하나가 아닌가? 칸막이 없는 공동 화장실을 이상하게 생각하지 않았던 고대 로마인들을 보면 알 수 있듯이 말이다. 구글의 전 CEO인 에릭 슈밋Eric Schmidt처럼 "불법 행동을 하지 않으면 프라이버시를 걱정할 필요도 없지 않으냐"라고 주장할 수 있지 않을까?

로마시대 공중화장실. 칸막이가 없는 것이 특징이다.
사생활이 보호받지 못하는 세상은 아마도 이런 모습일 것이다

물론 프라이버시는 인간의 원초적 권리가 아닐 것이다. '자유, 인권, 정의' 역시 사회적 타협을 통해 만들어진 후천적 권리이듯 말이다. 프라이버시가 인간의 기본 권리인가라는 질문이 중요한 게 아니다. 우리가 원하는 미래사회에서 프라이버시란 어떤 의미를 가져야 하는지를 지금 결정해야 한다는 점이 중요하다.

여기서 한 가지 짚고 넘어가야 할 문제가 있다. 1조, 3조, 20조 원이라는 돈을 상상할 수 있을까? 여러 채의 아파트, 학교, 병원은 물론이고 최첨단 항공모함 여러 대, 전투기 수백 대를 살 수 있는 천문학적인 액수다. 그런데 만약 이런 돈을 들여 인수한 회사 직원이 불과 수십 명뿐이라면? 게다가 대부분 직원들은 대학을 갓 졸업한 젊은이들이며, 아직 한 번도 흑자를 내지 못한 회사라면? 당연히 너무나 무모한 일이라고 할 것이다. 아니, 불과 몇 년 전까지 상상도 할 수 없었을 일이다.

하지만 세상은 이미 변했다. 페이스북은 사진을 공유할 수 있는 서비스를 만든 인스타그램Instagram을 1조 원에 사들였고, 또 휴대전

화로 서로 간단히 연락할 수 있게 하는 왓츠앱WhatsApp을 20조 원에 사들였다. 구글 역시 스마트한 실내온도 측정기를 개발한 네스트Nest를 3조 5000억 원에 사들였다. 조 단위로 평가받을 만한 특별한 기술도, 지적재산도, 인력도 없는 회사들이다.

디지털 시대를 가장 잘 이해하고 이끈다는 구글과 페이스북이 모두 제정신이 아닌 걸까? 물론 그럴 수 있다. 17세기 전 세계에서 가장 금융 시스템이 발달했다는 네덜란드에서 한동안 튤립 한 뿌리가 1억 원 넘게 거래되는 '튤립 버블'이 생겼듯 말이다. 하지만 어쩌면 그들은 천문학적인 액수를 투자할 만한 무언가를 얻어가는지도 모른다. 바로 '데이터'다. 땅과 공장과 주식이 19세기, 20세기 가치의 상징이라면 21세기엔 데이터 그 자체가 부와 가치의 핵심이라는 말이다.

화폐 사용이 불가능한 감옥에서는 담배가 돈 역할을 한다. 비슷하게 디지털 세상은 가치적으로는 감옥 같은 구조를 가지고 있다. 디지털 생태계 내부 회사들은 돈을 벌 필요도, 흑자를 낼 필요도 없다. 최대한 많은 사용자만 확보하면 된다. 사용자는 데이터고, 디지털 세상의 슈퍼 갑인 구글과 페이스북은 이렇게 모은 데이터를 실물경제에서 다시 수십, 수백 조의 현찰과 교환할 특권을 갖는 것이다. 이 세상에 공짜란 없다. 다양한 무료 인터넷 서비스를 사용하는 동시에 우리는 이미 나 자신에 대한 모든 데이터를 무료로 넘겨주고 있는 셈이다.

뇌의 각 영역이 하는 일

뇌의 여러 부분은 각각 다른 일을 하고 있다. 예를 들어 뇌의 뒷부분에 있는 후두엽occipital lobe에서는 '보는 것'을 담당하는데, 눈의 망막으로부터 들어온 물체가 시상핵을 통해 후두피질로 옮겨간다. '듣는 것'은 뇌의 좌우에 있는 측두엽에서 담당하고 '생각'과 '결정'은 뇌의 앞부분에서 맡고 있다. '냄새'를 맡을 수 있는 것은 뇌 앞부분의 대뇌피질 아래에 있는 '후각신경구olfactory bulb' 덕분이다. 인간의 후각신경구는 대뇌피질로 완전히 덮여 있기도 하지만, 살아가는 데 있어서 '냄새 맡기'가 무엇보다도 중요한 파충류의 후각신경구보다는 덜 효율적이다. 마지막으로 '학습'은 해마에서 일어난다.

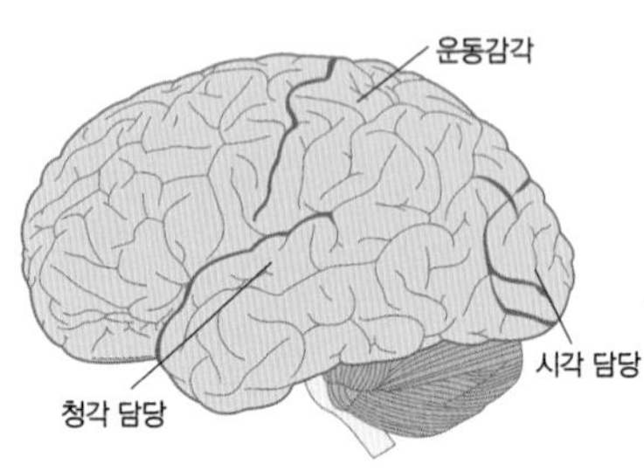

뇌의 각 영역은 세상에 대한 정보 처리만 하는 것이 아니다. 때로는 세상에 대한 '지도'를 갖기도 한다. 예를 들면 뇌의 중간부분에 있는 감각피질somatosensory cortex은 신체구조를 나타낸다. 신체의 특정 부위를 만지면 뇌의 관련 부분에서 활발한 반응을 보이므로 뇌를 가지고 몸의 지도를 그릴 수도 있다. 뇌에서 신체를 나타내는 인체모형homunculus(호문클루스는 사람 속에 있는 작은

난쟁이라는 뜻이다)은 약간 우습게 보인다. 예를 들어 손가락이나 얼굴 같은 부분은 실제보다 더 크게, 목이나 등은 실제 사이즈가 아니라 정보를 처리하는 중요도에 따라 다르게 나타낸다. 결국 손이나 혀에서 오는 감각정보가 목이나 등에서 오는 정보보다 더 중요하다는 뜻이다.

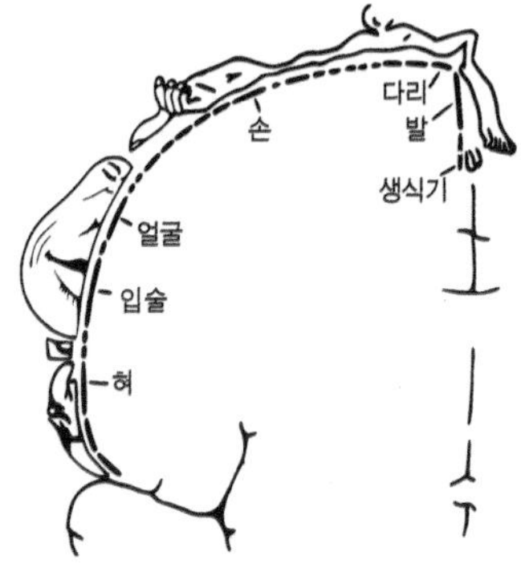

Brain Story
07

우리는 왜
꿈을 꾸는 걸까

"우리는 꿈의 재료이며
우리의 짧은 인생은 잠으로
둘러싸여 있다."

셰익스피어

바빌로니아 칼데아 왕조의 네부카드네자르 2세는 꿈에 순금, 은, 청동, 쇠 그리고 진흙으로 만들어진 자신의 동상을 보고 무슨 뜻인지 몰라 혼란에 빠졌다. 이때 히브리인 다니엘은 설득력 있는 해몽을 통해 왕의 신뢰를 얻었다. 동상이 부서진 것을 바빌로니아 멸망 이후 나타날 나라와 연관해 풀어낸 것이다. 그런가 하면 19세기의 유기화학자 프리드리히 케쿨레Friedrich Kekule는 자기 자신의 꼬리를 문 뱀을 꿈에서 보고 오랫동안 풀리지 않았던 벤젠 분자의 구조를 발견했다고 한다.

우리는 인생의 거의 3분의 1을 잠을 자면서 보낸다. 하지만 우리는 여전히 왜 잠을 자는지 알지 못한다. 단순히 졸리기 때문에 잠을 자는 것은 아니다. 배가 고프면 음식을 먹지만, 배고픔 자체는 근본적 원인이라기보단 몸에 포도당 같은 에너지가 필요하다는 신호일 뿐이다. 비슷한 방식으로 몸에 무언가가 필요하기 때문에 '졸림'이라는 신호를 통해 수면을 취하도록 유도할 것이다. 그 필요한 것이 무엇이냐에 대해 수많은 이론이 있지만 여전히 과학적으로 증명하지 못한 상태다.

꿈은 뇌가 버리는 쓰레기다?

잠이 들면 뇌는 거의 모든 활동을 중지한다. 깊은 잠에 빠지는 것이다. 대신 몸은 지속적으로 뒤척인다. 잠든 지 약 60분 후 뇌는 서

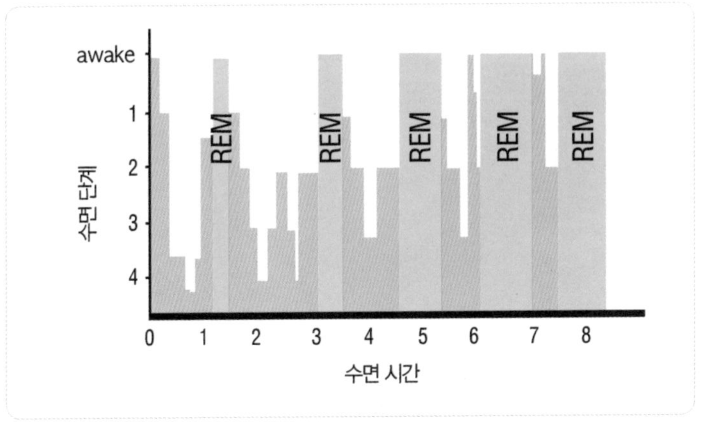

꿈은 REM 수면상태에 있는 동안에 꾼다.
우리는 잠잘 때마다 여러 번 REM 수면을 경험한다

서히 다시 활동하기 시작해 거의 깨어 있는 상태까지 돌아온다. 이때 빠르게 움직이는 눈동자를 뺀 나머지 몸은 마비된다. 꿈은 대부분 이런 렘Rapid Eye Movement, REM이라고 불리는 상태에서 꾼다. 이때 만약 몸의 마비가 풀리면 몽유병 현상이 나타난다. 거꾸로 몸이 마비된 상태에서 완전히 깨어버리면 의식은 있지만 몸을 제어할 수 없어 가위에 눌린다. 깊은 잠과 REM 수면상태는 계속 반복된다. 우리는 매일 밤 적어도 너댓 번 꿈을 꾸지만 보통 깨기 바로 전 마지막 REM 수면상태의 꿈만 기억한다.

꿈은 왜 꾸는 것일까? 프로이트는 억눌린 성적 욕망이 꿈을 통해 표현된다고 생각했다. 현대 뇌과학에서는 크게 두 가지 가설을 제시한다. 생물학자 제임스 왓슨James Watson과 함께 DNA 구조를 판독해서 노벨상을 받은 분자생물학자 프랜시스 크릭Francis Crick은 저장

프랜시스 크릭은 꿈은 뇌의
쓰레기통 역할을 한다고 주장했다

할 가치가 없다고 판단된 정보가 꿈을 통해 지워진다고 주장했다. 다시 말해 꿈은 뇌의 쓰레기통 같은 역할을 한다는 것이다. 반대로 몇 년 전 MIT의 매슈 윌슨Matthew Wilson 교수는 마치 녹화된 동영상을 반복해 보듯 REM상태 때 낮에 경험한 정보가 다시 반복된다는 실험 결과를 얻어 큰 관심을 끌었다. 우리는 깨어 있는 상태에서도 현실을 직접적으로 받아들이기보다는 지각된 정보들을 경험과 미래 예측 위주로 추론하는 뇌의 해석을 통해 이해한다. 하지만 잠이 들면 더이상 지각을 통한 현실과의 검증이 불가능하다. 뇌는 마치 운전사 없는 버스처럼 지그재그로 작동하고 그 결과물을 꿈으로 인식할 것이다. 그렇다면 꿈이 본질적으로 의미가 있다기보다는 해석하는 사람의 의도와 상상력의 결과물이라고 볼 수 있다. 결국 꿈보다 해석이 더 의미 있다는 말이다.

당신이 잠든 사이에……
뇌는 '수리'를 시작한다

우리가 잠을 자는 이유에 대한 연구는 계속되고 있다. 차가 많이 다니는 길에서는 일명 '포트홀pothole'이라 불리는 깊은 구멍을 쉽게 발견할 수 있다. 온도 차이 그리고 자동차의 무게 때문에 길에 깔린 아스팔트가 금이 가고 갈라지는 현상이다. 특히 겨울과 봄 사이의 온도 차이가 심한 미국 중부에서는 매년 봄이면 거대한 포트홀이 생겨 자동차가 빠지기까지 한다.

포트홀은 위험하므로 신속하게 보수해야 한다. 그런데 갈라진 길을 언제 수리하는 게 좋을까? 물론 차가 많이 지나다니는 낮보다 한적한 밤에 공사하는 게 더 안전할 것이다. 자주 사용되는 것은 망가지기 마련이고, 그대로 뒀다간 문제가 점점 커질 수 있다. 하지만 사용되고 있는 무언가를 고친다는 것 자체가 또다른 위험 요소가 될 수 있다. 그렇기에 보수와 수리는 가능한 사용량이 줄어드는 밤에 진행하는 게 좋다.

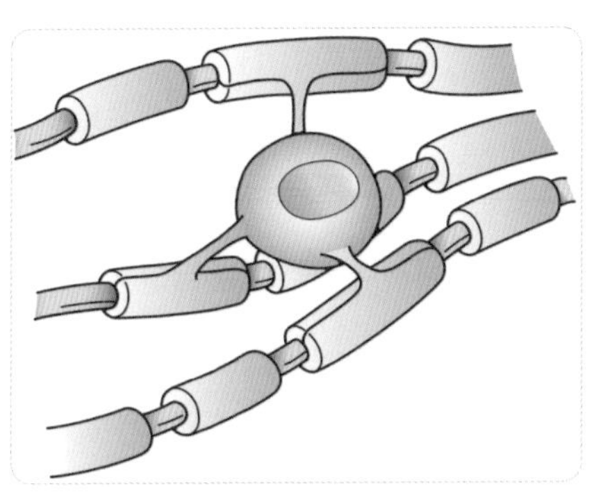

신경세포의 축삭돌기를 말고 있는 올리고덴드로사이트

최근 뇌도 비슷한 방법으로 망가진 세포를 수리한다는 논문이 발표돼 관심을 끌고 있다.

뇌는 신경세포 10^{11}개와 10^{12} 정도의 연결성을 통해 정보를 처리한다고 알려져 있다. 이때 정보는 신경세포의 '꼬리' 부분에 있는 축삭돌기를 타고 전달된다. 축삭돌기는 뇌의 전선 같은 역할을 한다고 보면 되겠다. 전선에 절연 장치가 필요하듯, 뇌 안에서는 올리고덴드로사이트oligodendrocyte라고 부르는 특정 세포들이 축삭돌기를 돌돌 감아 절연시켜준다. 쉴새없이 정보를 전달해야 하는 축삭돌기는 자주 손상되기에, 새로운 올리고덴드로사이트로 보수해야 한다.

위스콘신 대학의 키아라 키렐리Chiara Cirelli 교수 팀은 최근 생쥐 실험을 통해 새로운 올리고덴드로사이트를 만들어내는 유전자가 잠자는 동안 더욱 활성화된다는 사실을 발견했다. 거꾸로 오래 잠을 못 잔 쥐의 뇌에서는 신경세포들의 스트레스 현상과 죽음과 연관된 유전자가 작동하기 시작했다.

물론 아직 많은 검증이 필요하겠지만, 키렐리 교수 팀의 결과는 우리가 꼭 자야 하는 이유를 아는 데 중요한 힌트가 될 수 있다. 천문학적인 양의 정보를 처리해야 하는 뇌는 손상될 확률이 높다. 손상된 신경세포를 재빨리 수리하지 않으면 정보가 왜곡되거나 사라질 수 있다. 하루이틀만 제대로 못 자도 기억력이 떨어지고, 일주일 이상 자지 못하면 정신분열증과 비슷한 환각상태에 빠질 수 있다. 세포들 간 망가진 축삭돌기를 수리하기 위해선 새로운 올리고덴드로사이트가 만들어져야 하는데, 신경세포들이 쉴새없이 사용되는 낮보다는 밤에 망가진 세포들을 수리하는 게 더 안전하다.

아니, 거꾸로 이런 가설을 세워볼 수 있겠다. 망가진 세포들을 수리하기 위해선 뇌를 잠시 '꺼놓아야' 하기에 잠이라는 것이 만들어졌다고. 결국 뇌는 자는 동안에 수리된다기보다 뇌를 수리하기 위해 수면 그 자체가 만들어졌을 수 있다는 것이다.

꿈은 내가 만들지만,
현실은 나와 상관없이 존재한다는
불편한 진실

조금 다른 의미의 꿈도 생각해보자. 디즈니 애니메이션 영화 〈겨울왕국〉을 볼 기회가 있었다. 안데르센 동화를 기본으로 한, 이미 수없이 들어본 '왕자님 공주님' 스토리겠지 하고 큰 기대 없이 봤다. 영화보다도 애니메이션에 사용된 최첨단 컴퓨터 그래픽 기술에 관심이 더 많았던 것도 사실이다. 그런데 영화는 기대 이상으로 괜찮았다. 2000가지 다양한 얼음 크리스털로 구현된 겨울 풍경도 환상적이었지만, 탄탄한 스토리, 현대적인 메시지, 그리고 아름다운 노래 역시 인상적이었다.

뜻밖에도 가장 많은 생각을 하게 한 캐릭터는 여왕, 공주, 왕자도 아닌 눈사람 하나였다. '올라프'라고 하는 이 눈사람은 여왕의 마법 덕분에 걷고, 말하고, 생각할 수 있다. 그런 올라프에겐 꿈이 하나 있었다. 무슨 꿈일까? 바로 '여름'을 경험해보는 것이다. 파란 하늘 아래에서 춤추며 꽃향기를 맡고 바닷가에서 일광욕하며 맛있는 칵

눈사람은 여러 꿈을 꿀 수 있지만, '여름'은 꿈꿔서는 안 되는 현실이다.
꿈꾸던 여름이 현실이 되는 순간, 녹아버리고 만다

테일을 마시는 여름 말이다. 춥고 찬바람 부는 겨울만 경험해본 눈사람이기에 꿈에 그리는 따듯한 여름은 천국 같아 보였을 것이다.

올라프는 물론 눈사람이다. 꿈꾸던 여름이 현실이 되는 순간 가장 먼저 녹아 없어질 것이라는 말이다. 자신을 '녹여버릴' 현실을 꿈꾸는 사람이 어디 올라프 하나뿐일까? 프랑스혁명을 지도했던 수많은 지식인은 얼마 후 단두대에 오르게 되고, 1917년 볼셰비키혁명을 지지했던 발트함대 수병들은 1921년 볼셰비키 독재에 반대하는 반란을 일으키다 대부분 사형당한다.

꿈과 현실의 차이는 무엇일까? 꿈은 '내'가 만들지만 '현실'은 나와 상관없이 존재한다는 점이다. 인간의 시각 시스템에는 '스트루

프 효과Stroop Effect'라는 현상이 있다. '파랑' '빨강' 같은 색을 표현하는 글자가 글자의 실제 색상과 일치하지 않는 경우 뇌는 혼란에 빠진다. 색깔을 알아보는 시간이 더 오래 걸리고 잘못 판단할 확률이 높아진다.

색깔은 빛의 파장을 통해 만들어지지만 '파랑' '빨강' 같은 글씨는 'Blue' 'Red'라고 다르게 표현할 수도 있다. 색채는 왜곡될 수 없는 현실이지만, 글자는 인간들 사이의 합의를 통해 만들어진 허상이며 꿈이라는 말이다.

Brain Story
08

나 자신을 복제할 수 있을까

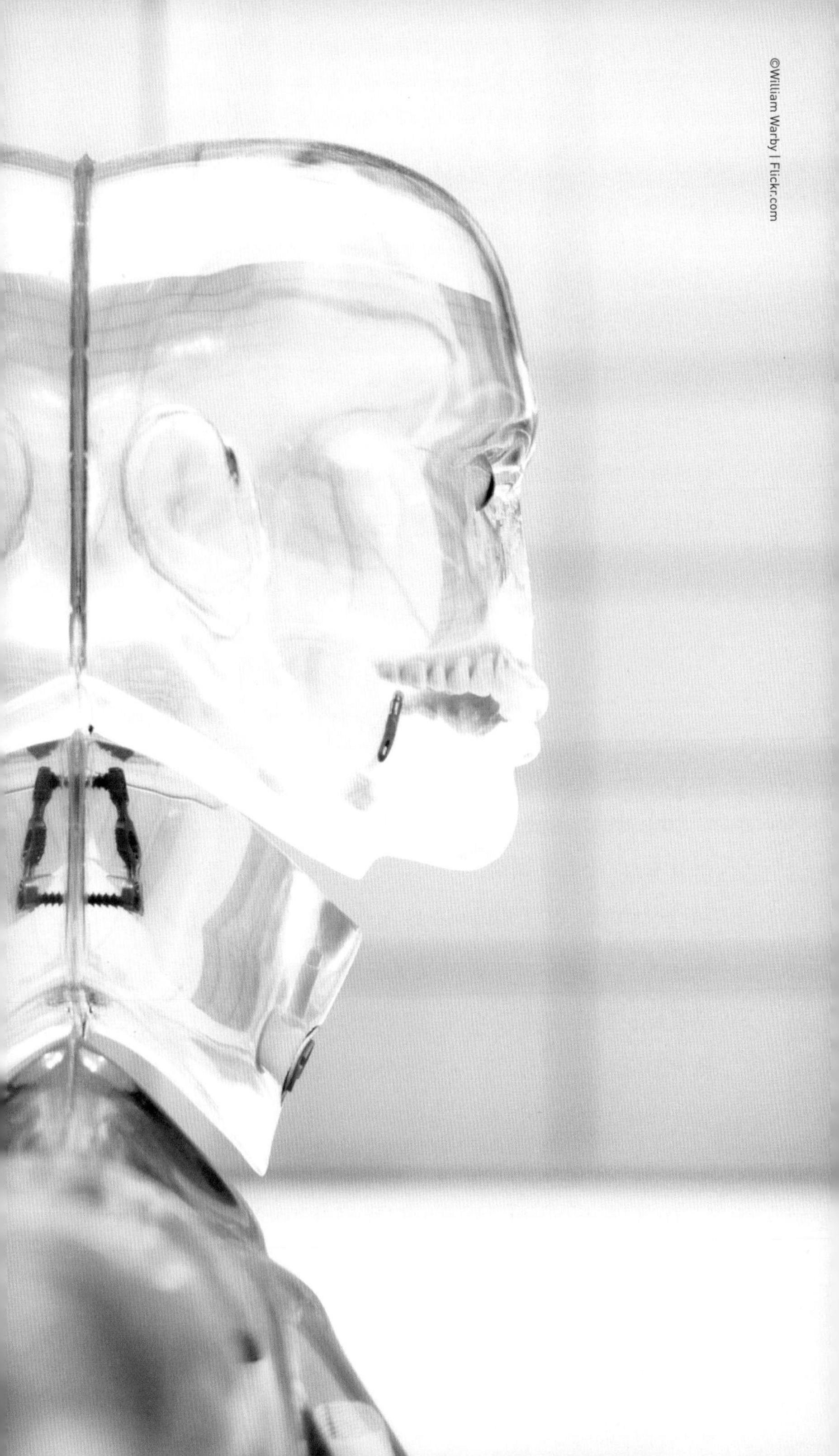

2013년 초, 이탈리아 과학자들이 15년 안에 사람의 머리를 이식하겠다는 계획을 발표해 논란이 됐다. 본능적으로 거부감을 느끼기 전에 우선 머리 이식 수술의 필요성에 대해 생각해보자. 고칠 수 없는 암으로 각종 장기가 손쓸 수 없는 수준으로 망가졌거나, 영국 물리학자 스티븐 호킹 박사처럼 몸이 점점 마비되는 근위축성 측삭경화증amyotrophic lateral sclerosis 환자들에게 머리 이식 수술은 충분히 정당화되는 마지막 희망일 수도 있다. 내 손 하나 까딱할 수 없는 상황보다 차라리 내 몸이 아닌 다른 몸을 움직일 수 있는 편이 더 낫지 않을까.

사람의 '머리'를 이식할 수 있다면?

머리 이식은 동물 실험상으로 이미 여러 번 시도됐던 것으로 알려져 있다. 구소련 과학자 블라디미르 데미호프Vladimir Demikhov는 1954년부터 두 마리 개의 머리를 서로 연결하는 일련의 실험을 진행한 것으로 유명하다. 당시 실험은 정부 허락 없이 비밀리에 이루어졌는데, 수술 후 두 마리 개의 머리는 한동안 '정상적인' 반응을 보였다고 한다. 하지만 실험에 사용된 동물들은 모두 한 달 이상 살아남지 못했다. 비슷한 실험이 1959년 중국에서도 이뤄진 것으로 알려져 있으나, 서방에서는 다양한 윤리적·기술적 문제 때문에 1970년대가 되어서야 처음으로 미국 케이스웨스턴리저브 대학에서 두 마리 원숭이 간의 머리 이식 수술이 시도됐다.

머리 이식의 가장 큰 기술적 난제는 새 몸의 면역반응 해결방안과 어떻게 절단된 신경들을 하나하나 이어붙일까 하는 점이다. 현재로서는 완벽히 풀리지 못한, 극도로 어려운 문제들이다. 하지만 줄기세포 같은 미래 기술이 충분히 돌파구가 되어주지 않을까 기대해볼 수 있다.

그렇다면 한 발짝 더 나아가 뇌만 이식한다면 어떨까? 이는 공상과학 영화나 소설에서 자주 등장하는 주제다. 주인공의 뇌가 사악한 과학자의 손을 통해 다른 몸에 이식되거나 유리통 안에 보관된다는…… 이 역시 현재로서는 불가능한 기술이지만, 지속적으로 발달하는 과학기술을 고려한다면 근본적으로 불가능할 이유는 없어 보인다.

그렇다면 머리 이식의 핵심 이슈는 이런 기술적 문제보다 철학적·윤리적인 문제가 아닐까? 몸 없이 유리통 안에 뇌로만 살고 있는 뇌는 자아가 있을까? 그 뇌를 여전히 사람으로, 그리고 투표권 있는 시민으로 인정해야 할까? 다양한 사회적 문제도 예측해볼 수 있다. 만약 50년 또는 100년 후 정말로 온전하게 머리 또는 뇌 이식이 가능해진다면, 늙어가는 우리는 병과 노환으로 망가진 몸을 젊은 몸으로 바꿀 수 있게 된다. 영원한 삶이 가능해진다는 뜻이다. 하지만 젊고 건강한 몸은 어디서 구할 수 있을 것인가.

이탈리아 과학자들의 계획대로 정말 15년 후부터 머리 이식이 가능해진다면, 우리는 어쩌면 소수의 건강한 몸을 차지하려 치열하게 싸우는 늙어가는 머리들을 구경하게 될 수도 있겠다. 뇌 이식을 할 수 있을까?

기억을 이식할 수 있으면 영생도 가능?

뇌 이식과 비슷한 이슈는 한 가지 더 있다. 역시 2013년 MIT의 스스무 도네가와利根川進 교수 팀이 기억을 조작할 수 있다는 연구 결과를 발표해 논란을 일으켰다. MIT 팀의 실험은 단순하다. 우선 유전자를 조작해 실험동물의 해마에 있는 신경세포를 특정 파장의 빛에 반응하게 했다. 해마는 기억을 만들어내는 기능을 구현하는데, 특히 과거에 경험했던 공간에 대한 기억이 저장되는 곳으로 잘 알려져 있다. 실험동물에게 평범한 첫번째 방을 경험하게 한 뒤 두번째 방에서 전기자극을 받게 한다. 당연히 동물은 두번째 방을 전기자극이라는 나쁜 경험으로 기억해야 한다. 하지만 광유전자적으로 변종된 해마를 조작한 결과, 동물은 나쁜 경험이 없었던 첫번째 방을 전기자극을 받은 장소로 착각하기 시작했다. 서울에서 소매치기를 당하고, 대전에서 경험했던 것으로 기억하는 셈이다.

도네가와 교수의 연구 결과는 국내외 다양한 언론에서 소개됐지만, 사실 기억 조작이라고 하기엔 아직 개념적 문제들이 있다. 우선 논문 제목(「Creating a False Memory in the Hippocampus」)에서 제시하듯 완전히 새로운 기억을 만든 것이 아니고, 단순히 사전에 가지고 있던 기억을 혼돈시켰을 뿐이라는 지적을 할 수 있겠다. 완전히 허위의 기억을 만들어내기 위해서는 기억코드 그 자체를 이해하고 뇌에 전달해야 하지만, 현대 뇌과학 수준으로는 아직 기술적으로 불가능한 실험이다. 소매치기를 당한 적 없는 사람에게 소매치기를 당했다는 허위 기억을 만들어줄 수는 없다는 말이다. 그렇다면 진정한 기억 조작과 기억 이식은 근본적으로 불가능할까?

우선 기억이란 몸과 행동을 통한 직접적 경험을 기반으로만 가능하다고 가정해볼 수 있겠다. 기억이란 항상 '나'라는 자아의 기능이기에, '나'와 독립된 추상적인 기억은 있을 수 없다는 것이다. 이 가설이 맞다면 결국 우리가 이미 가지고 있는 기억은 변형시킬 수 있더

©Mario in arte Akeu | Flickr.com

기억 이식을 통한 영생이 가능하다면,
우리는 '죽음'이라는 걸 경험할 마지막 인간이 될 수도 있다

라도, 내가 하지 않은 경험을 무에서부터 만들어낼 순 없을 것이다.

만약 반대로 기억이 뇌의 객관적인 특정 상태이기에 여러 컴퓨터에서 동일한 결과를 내는 소프트웨어처럼 다양한 뇌에서 '돌릴' 수 있다면? 그렇다면 타인의 경험 역시 충분히 나의 기억으로 느낄 수 있다. 먼 미래에는 어쩌면 나의 모든 기억을 통째로 타인의 뇌에 입력할 수 있을지도 모르겠다. 하지만 나는 내 기억의 합집합이지 않을까? 내 기억을 타인에게 복사한다는 것은 결국 나 자신을 복사한다고 해석해야 하지 않을까? 그래서 미국의 미래학자 레이먼드 커즈와일Raymond Kurzweil은 언젠간 완벽한 기억 이식을 통한 영생도 가능하다고 주장한다.

어쩌면 오늘날의 우리는 '죽음'이라는 것을 경험할 마지막 인간이 될 수도 있겠다.

절차적 지식과 서술적 지식

우리는 매일 별다른 의식 없이 엄청난 양의 지식을 활용한다. 예를 들어 양치질하는 법, 자동차를 운전하는 법, 심지어는 두 다리로 걷는 것도 광범위하게 보면 모두 지식의 범주에 속한다. 이런 일상적인 행동들은 아무런 훈련 없이도 그냥 수행할 수 있는 듯하지만, 사실은 뇌의 시각 담당 신경계와 운동 담당 신경계가 결합돼 일어나는 상당히 복잡한 작업이다. 이렇게 습득하는 지식을 절차적procedural 지식이라고 부른다. 절차적 지식이란 어떤 일을 수행해나가는 과정이나 흐름에 관한 지식으로, 무엇을 어떻게 하는지 신체가 스스로 깨닫는 것이다.

반면 서술적declarative 지식은 세상의 사물이나 개념 등에 관한 지식으로, 신경과학자들은 절차적 지식과 서술적 지식이 서로 다른 신경체계에 의존한다고 믿는다. 서술적 지식은 두 가지로 나눌 수 있다. 첫째는 생각해내는 데 시간과 집중을 요하는 지식이다. 예를 들어 독일의 수도가 어디냐는 질문을 받으면 잠깐은 생각해봐야 한다. 둘째는 자기 이름이나 나이처럼 고민하지 않고도 쉽게 알 수 있는 지식이다. 이것은 두 다리를 어떻게 움직여야 하는지 생각하지 않고도 걸을 수 있는 것처럼 자동화된 지식이다.

Brain Story
09

뇌도 얼마든지 '젊게' 만들 수 있다

날아다니는 파리를 잡기란 왜 그토록 어려운 것일까? 분명히 숨을 죽이고 조용히 다가가 파리채를 휘둘러보았는데도 파리는 대부분 여유롭게 탈출하는 데 성공한다. 더블린 트리니티 대학교 앤드루 잭슨Andrew Jackson 교수 팀이 최근 발표한 연구 결과에 따르면 곤충은 인간보다 세상을 더 느리게, 그러니까 슬로모션으로 인지할 수 있기 때문이라고 한다.

그런데 파리가 세상을 인지하는 방식을 어떻게 알아낼 수 있을까? 잭슨 교수 팀은 빛의 깜박임을 응용했다. 방 안에서 불을 점점 빠른 속도로 켰다 껐다 한다고 생각해보자. 처음에는 빛의 깜박임이 느껴지지만 어느 순간부터 더이상 깜박이지 않는 것처럼 여겨진다. 뇌가 더이상 구별할 수 없을 정도로 빠른 속도이기 때문이다.

재미있는 사실은 동물마다 빛의 깜박임을 더이상 구별할 수 없는 순간이 다르다는 점이다. 특히 몸이 작으면 작을수록 더 빠른 속도의 깜박임을 인지할 수 있다. 세상을 더 빨리, 그러니까 더 자주 볼 수 있다는 말은 세상을 더 느리게 인지할 수 있다는 말과 동일하다. 축구경기의 하이라이트를 슬로모션으로 다시 보는 것과 같은 원리다. 그렇다면 파리는 다가오는 파리채를 슬로모션으로 볼 수 있기 때문에 쉽게 피할 수 있다는 결론이 나온다. 마치 영화 〈매트릭스〉의 주인공이 날아오는 총알을 슬로모션으로 인지하듯 말이다.

게임을 하면 뇌가 젊어진다고?

몸 크기와 시간 인식의 차이는 사람들 사이에서도 관찰할 수 있다. 여러 결과에 따르면 어린아이들은 세상을 더 빠르게 볼 수 있다고 한다. 그렇다면 아이들은 어른들보다 세상을 좀더 슬로모션으로 인식한다고 가정할 수 있겠다. 명절 때 어른들 사이를 '빛 같은' 속도로 뛰어다니며 잠시도 가만히 있지 못하던 아이들의 모습을 떠올리면 웬만큼 설득력 있어 보이는 가설이다.

나이를 먹어서도 세상을 젊은 사람처럼 인지한다는 것은 (적어도 주관적으로는) 더 오래 세상을 느끼고 즐길 수 있다는 말이 된다. 하지만 어떻게 뇌를 다시 '젊게' 만들 수 있을까? 캘리포니아 주립대

비디오게임으로 다시 뇌를 젊게 할 수 있을까

학의 애덤 가잘리Adam Gazzaley 교수는 간단한 비디오게임을 통해 뇌의 노화를 되돌릴 수 있는 가능성을 보여주었다. 우선 피험자들에게 자동차 운전을 하면서 동시에 푯말을 읽게 했다. 20대의 젊은 피험자들은 운전하지 않은 상태보다 약 26퍼센트 실수를 더 많이 한 반면, 80대 피험자들은 실수를 60퍼센트가 넘게 더 했다. 그만큼 나이를 먹을수록 동시에 다양한 일을 처리하기가 어렵다는 뜻이다. 하지만 80대 피험자들에게 약 한 달간 비디오게임을 통한 트레이닝을 실시한 결과, 실수율이 20대 수준으로 낮아졌다. 더구나 6개월 후에도 80대 피험자들은 여전히 20대 수준의 능력을 유지하고 있었다.

결국 인간의 뇌는 그동안 알려진 것보다 더 유연하며, 잘 디자인된 훈련을 통해 오랫동안 높은 수준의 인지능력을 유지하는 것도 가능하다는 희망을 주는 연구 결과다. 파리들이 우리의 파리채를 쉽게 피할 수 있는 날도 조만간 끝나지 않을까 기대해본다.

그렇다면, 명상하는 뇌에선 어떤 일들이 벌어질까

석굴암 본존불에 미세한 균열이 발견됐다고 보도돼 논란이 된 적이 있다. 석굴암은 불교역사적 가치로도 의미 있지만, 순수미적인 차원만으로도 훌륭한 작품이 분명하다. 특히 삼매에 든 부처님의

삼매에 빠진 석가모니, 석굴암

얼굴 표정은 감동적이다. 어리석은 이 세상에 대한 자비심처럼 보이기도 하고, 이미 평범한 인간들과는 멀어진 다른 세상을 바라보는 듯하기도 하다.

명상을 하면 호흡, 혈압, 심박수가 변한다. 마음이 안정되며 집중력이 증가하고 기억력이 향상된다. 불교, 힌두교, 기독교 모두 명상의 중요성을 강조한다. 특히 불교에서 명상은 현실과 환상을 구별하고 삶과 죽음을 이해하는 깨달음을 얻기 위한 필수 조건이다. 집중력, 기억력, 현실인식, 이 모든 것은 뇌의 정보 처리 결과물이다. 그렇다면 명상하는 뇌에서는 어떤 일들이 벌어지는 것일까?

우선 머리에 전극을 붙여 비교적 간단히 뇌파 측정이 가능한 뇌파검사EEG를 사용해볼 수 있다. EEG로 관찰 가능한 뇌파는 주파수별로 대략 델타파(4헤르츠 이하), 세타파(4~7헤르츠), 알파파(8~13헤르츠), 베타파(14~30헤르츠), 감마파(30헤르츠 이상)로 나눌 수 있는데, 명상하는 뇌는 알파파와 세타파에서 기본 뇌파와 차이를 보인다고 알려져 있다. 하지만 EEG는 대부분 뇌 표현 신호를 측정하므로 깊은 영역의 신호는 해석하기 어렵다. 그렇다면 fMRI 같은 뇌 영상 기술을 사용해본다면 어떨까? 최신 fMRI 결과에 따르면 명상하는 뇌는 특히 전방대상피질anterior cingulate cortex에서 전두엽, 전전두엽피질prefrontal cortex 영역이 활성화된다고 알려져 있다.

특정 뇌 영역들의 활성화, 그리고 뇌파의 변화. 명상의 효과를 완벽히 설명하기엔 아직 모자라는 듯하다. 그렇다면 완전히 다른 설명도 시도해볼 수 있겠다. 뇌는 긴 진화과정을 통해 만들어졌고, 영장류인 인간의 뇌 안에 파충류, 포유류 등의 과거 신경회로망들이 여전히 유지돼 있다. 이중 가장 오래된 신경망은 지금 이 순간 무엇을 얻고 있는지 위주로 작동한다. 눈앞에 맛있는 게 보이면 바로 먹는다는 말이다. 그다음으로 만들어진 신경망들은 경험을 기록하고 평가한다. 이렇게 감정과 기억이 만들어진다. 진화적으로 가장 나중에 완성된 대뇌피질은 현재와 과거가 아니라 미래 예측 위주로 정보를 처리한다고 가정해볼 수 있다.

즉 명상하는 뇌의 핵심은 과거, 현재, 미래로 나눠 분석하는 뇌 기능을 단 한 가지 시간축으로 압축하는 것인지도 모른다. 미래와 과거 위주의 해석기능들을 억제하면 현실을 지금 이 순간 그대로 느낄 것이고, 현재와 과거의 해석을 억압하면 현실에서 자유로운 추상적 존재가 될 수 있다. 어쩌면 삼매에 든 부처님의 얼굴은 그렇게 시간과 공간을 초월한 뇌의 한 모습을 보여주고 있는지도 모른다.

명상하는 뇌는 시공간에서 자유로워진다

Brain Story 10

인공지능이 만들어지면 어떤 일이 생길까

뇌과학을 기반으로 인공지능을 연구중이라는 사실을 아는 지인들은 가끔 나에게 이런 질문을 한다.

"인공지능이 만들어지면 어떤 일들을 할 수 있을까요?"

'지구 평화' 또는 '인류 식량문제 해결' 같은 거창한 답을 은근히 기대한다는 사실을 잘 알기에, 나의 대답은 항상 같다.

"글쎄요. 우선 개와 고양이 정도만 구별할 수 있다면 좋겠네요."

이게 무슨 말인가? 유치원생도 쉽게 할 수 있는 개와 고양이 구별이 연구의 목표라니? 그렇다. 인공지능의 가장 어려운 점 중 하나는 뇌가 가진 '쉽다'와 '어렵다'의 상식적 개념을 새로 정리해야 한다는 것이다.

인공지능의 과제, 개와 고양이 구별하기

제2차 세계대전중 존 아타나소프John Atanasoff, 하워드 에이컨Howard H. Aiken, 존 폰 노이만John von Neumann 등의 연구를 통해 탄생한 컴퓨터는 그후 눈부신 발전을 시작했다. 1956년 미국 다트머스 대학에 모인 석학들은 당시 '전자 뇌'라고 불리던 컴퓨터에 마치 인간의 지능 같은 '인공지능'을 심을 수 있을지에 대해 토론했다. 지능을 통해 인간이 할 수 있는 일은 무궁무진하다. 그렇다면 인간이 가장 어려워하는 기능을 우선 구현한다면 나머지 문제는 자연스럽게 풀리지 않을까? 인간은 무엇을 가장 어려워할까? 대부분 수학을 전공한 초기 인공지능 연구자들은 체스와 수리적 증명일 것이라고 생각했다.

그럴싸한 가설이었다. 그리고 불과 몇 개월 후 컴퓨터는 인간과 체스 대결을 벌였고, 버트런드 러셀Bertrand Russell과 앨프리트 화이트헤드Alfred Whitehead가 저서 『수학원리*Principia Mathematica*』에서 제시한 수학적 정리들을 증명하기 시작했다. 그보다 훨씬 쉬운 언어 처리 같은 문제쯤이야 한 6개월 지나면 풀릴 듯했다. 하지만 6개월이 아닌 거의 60년이 지난 오늘까지도 컴퓨터는 여전히 인간의 언어를 이해하지 못한다. 어린아이들이 깡충거리며 뛰어다닐 때, 인간이 설계한 로봇이 걷는 모습은 불쌍할 정도다. 왜 그럴까?

걸어다니고, 사물을 구별하고, 사람들과 대화를 나눈다는 것은 사실 쉬운 문제가 아니다. 개와 고양이를 구별하는 문제를 생각해

인간은 어떻게 이 다양한 모습을 '개'라는 동일한 개념으로 인식할까

보자. 크고 작고, 털이 길고 짧고, 위에서 보고 옆에서 보고, 리본을 맸거나 방울을 달았거나 하는 등 수천, 수만 가지의 모습이 가능한 개들을 보고 우리는 쉽게 '개'라는 동일한 개념으로 인식한다. 또 다양한 모습의 교집합인 '고양이'라는 개념으로부터 개를 구별한다. 다양함에서 찾아야 하는 동일함은 여전히 인공지능에서 풀어야 할 가장 중요한 문제 중 하나다.

뇌는 이런 문제를 어떻게 풀까? 맹수로부터 도망가고, 표범과 사슴을 구별하고, 동료의 목소리를 제대로 인식해야 살아남을 수 있었던 초기 인간의 뇌 안에는 긴 진화과정을 통해 발견된 정답들이 이미 신경회로망 구조라는 하드웨어로 입력됐을 것이다. 결국 우리에게 쉬운 문제는 참으로 쉬워서 쉬운 게 아니라, 뇌가 이미 문제를 푸는 방법을 알고 있기 때문에 쉬운 것이다.

'순차적' 컴퓨터와 '병렬적' 뇌

뇌를 연구하다보면 자연스럽게 인공 뇌의 가능성에 대해 생각하게 된다. 할리우드 영화의 단골 주제인 지능과 의식을 가진 기계들은 과연 가능할까? 어린아이들은 큰 노력 없이 뛰어다니며 동물들을 구별한다. 하지만 인류 최고의 기술로 만들어졌다는 로봇들은 불쌍할 정도로 비틀거리며 걷고, 초당 계산 속도가 1경 회 이상인 슈퍼컴퓨터로도 다양한 상황에서 개와 고양이를 구별하는 것은 여

뇌와 컴퓨터는 질적으로 다른 논리 기반으로 정보를 처리한다고 주장한 존 폰 노이만

전히 쉽지 않다. 왜 뇌에는 쉬운 문제들이 기계에는 어렵고, 기계에 쉬운 문제들은 뇌에 어려운 것일까?

헝가리 수학자 존 폰 노이만은 뇌와 컴퓨터는 질적으로 다른 논리 기반으로 정보를 처리한다고 주장했다. 존 폰 노이만은 수리적 양자역학, 게임이론 등 많은 업적 외에도 CPU(중앙처리장치)와 메모리로 나뉘는 컴퓨터 기본 구조를 제시했다. 그는 모든 문제를 작게 쪼개고 순서대로 빠르게 처리하는 컴퓨터와는 달리, 뇌는 느린 속도로 정보를 병렬적으로 처리할 것이라는 가설을 세웠다. 다시 말해 컴퓨터엔 순차적인 논리적 깊이, 뇌엔 병렬적인 논리적 폭이 더 중요하다는 것이다.

존 폰 노이만이 뇌를 모방한 인공지능에 대해 생각한 반면, 영국 수학자 앨런 튜링Alan Turing은 좀더 색다른 질문을 했다. 만약 인공지능이 가능해진다면 기계가 생각하는지 어떻게 알아낼 수 있을까? 그리고 도대체 우리는 다른 사람들이 생각하고 있다는 사실을 어떻게 아는 걸까? 생각이란 지극히 내면적이다. 내가 생각한다는 것을 나는 분명히 알고 있지만 다른 사람들도 나와 같이 세상을 보고, 느끼고, 의식이 있는지는 알 수 없다. 그래서 데카르트도 "나는 생각한다. 고로 (나는) 존재한다"라고 했을 뿐, "너는 생각한다. 고로 (너

는) 존재한다"라고 말할 수는 없었던 것이다

사람들은 비슷하게 생겼고 비슷한 행동을 하며 비슷한 인생을 살아간다. 그래서 우리는 다른 사람들의 뇌에도 우리와 같은 생각과 의식이 존재할 것이라고 믿는다. 반대로 우리와 조금만 다르게 생겨도 그들의 내면적 세상을 부인한다. 16세기 스페인 사람들은 단지 다르게 생겼다는 이유로 남미 원주민들은 영혼이 없다고 주장하며 학살했고, 19세기 미국 남부인들은 흑인을 노예로 삼았다.

기계가 생각할 수 있는지를 어떻게 알 수 있을까? 튜링이 제시한 방법은 간단하다. 누가 사람이고 누가 기계인지 모르는 상황에서 모든 질문을 해보고 사람과 기계를 구별할 수 없다면 둘은 행동적으로 동일하다고 했다. 그리고 우리가 다른 사람의 내면 세상이 존재한다는 증명 없이도 그들이 생각할 수 있다고 믿는다면 사람과 행동적 구별이 되지 않는 기계 역시 내면적 생각과 의식을 가지고 있다고 믿어야 한다는 것이다. 그걸 거부한다면 우리는 인종차별과 비슷한 '기계차별'을 하게 되는 셈이다.

컴퓨터의 '빅데이터' 분석은 뇌의 정보 처리방식 모방한 것

알렉산더 대왕의 후계자 중 한 명이던 프톨레마이오스 1세는 이집트 알렉산드리아에 세계 최대 도서관을 설립한 것으로 유명하다.

로마공화국에 의해 정복될 때까지 300년간 이집트를 통치했던 프톨레마이오스 왕조는 알렉산드리아에 들어오는 모든 방문객의 책을 압수해 복사본을 만들었다고 한다. 헬레니즘의 영향을 받은 그들이 책 수집 그 자체를 사랑했었을 수도 있지만, 다른 생각을 해 볼 수도 있다. 책은 정보이고, 정보를 가진 자가 세상을 통치한다는 사실을 프톨레마이오스 가문은 이미 알고 있었을 수도 있다.

알렉산드리아의 도서관이 파괴된 지 1500년이 넘은 오늘 미국 국가안보국의 인터넷 감시 프로그램 '프리즘'이 큰 이슈가 되고 있다. 구글, 페이스북, 야후, 마이크로소프트 등의 인터넷 이메일, 메시지, 동영상, 검색기록 등을 대량으로 수집하고 분석했다는 것이다. 인터넷의 정보 전달방식인 TCP/IP 구조상 정보는 작게 나뉘어 가장 가까운 길이 아닌, 가장 저렴한 길을 따라가게 되어 있다. 대부분 인터넷 라우터router(서로 다른 네트워크를 중계해주는 장치)나 서비스 제공자가 미국에 위치하기에 세계 모든 정보가 미국을 지날 확률이 상대적으로 높을 수밖에 없다. 문제는 이 천문학적으로 많은 정보를 어떻게 분석할 수 있느냐는 점이다. '폭탄'이라는 단어가 들어 있는 테러리스트들 간의 이메일과 '폭탄주' 마시러 가자는 일반 시민의 문자 내용

미국 국가안보국 인터넷 감시 프로그램 '프리즘' 로고

빅데이터 분석은 뇌의 정보 처리방식을 모방한 것이다

을 자동으로 구별해야 한다는 기술적 문제가 생기게 된다.

대규모로 수집된 데이터를 통해 통계학적 패턴을 자동적으로 찾아내는 게 현대 '빅데이터'와 '데이터 마이닝data mining(방대한 양의 데이터로부터 유용한 정보를 추출하는 것)'의 목적이라 할 수 있다. 이를 위해 다양한 통계학적 또는 기계학습 방법을 생각해볼 수 있겠지만, 근래에는 뇌의 정보 처리과정을 모방한 '깊은 학습deep learning' 방법이 많은 관심을 받고 있다. 시각뇌에서 사물에 대한 다양한 정보가 계층적으로 나뉘어 처리되는 방법을 모방한 깊은 학습 방법은 이미 다양한 데이터 마이닝 문제에 사용되고 있다. 구글 차세대 연구를 담당하는 'X-실험실'에서는 깊은 학습 방법으로 인터넷상에 있는 사진 가운데에서 고양이 같은 동물 사진을 자동으로 찾아내기도 했다. 그런가 하면 중국 검색엔진회사인 바이두BIDU는 깊은 학습 연구소를 설립해 구글과 경쟁에 나서고 있다.

사회학자 막스 베버는 '무력을 합법적으로 독점화'한 게 바로 현대국가라고 정의한 바 있다. 온라인 세상에 존재하는 다양한 테러 위험이나 범죄 예방을 위해서 인터넷 정보 역시 어느 정도 독점화되어야 할 수도 있겠다. 하지만 합법적이지 않은 무력의 독점화는 독재가 되듯, 시민과 국회의 통제가 없는 정보 독점화 역시 위험한 결과를 낼 수 있다.

Part 03

Brain Story
11

나는 과연
누구인가

교통사고로 팔이나 다리가 절단된 환자들은 환지통 때문에 자주 고생하기도 한다. 더이상 있지도 않은 다리와 팔에 통증을 느낀다는 이야기다. 어떻게 팔다리가 없는데도 아프다고 느낄 수 있을까? 이유는 간단하다. 팔다리는 없더라도 뇌와 연결해주었던 신경들, 그리고 특히 대뇌피질에는 팔과 다리에 반응했던 신경세포가 여전히 남아 있기 때문이다.

뇌에는 세상에 대한 정보가 마치 '지도' 같은 모양으로 표현되어 있다. 괴테의 『파우스트』에 등장하기도 했듯 중세 연금술사들은 작은 '인조인간(라틴어로 homunculus)'을 만들어보려 노력했는데, 뇌 지도에 몸이 마치 작은 인간같이 표현되어 있다고 해서 뇌과학에서는 '호문쿨루스'라고 불린다. 호문쿨루스의 특징 중 하나는 우리의 몸이 있는 그대로가 아닌 기능 위주로 '그려져' 있다는 점이다. 손·얼굴·혀처럼 예민한 신체 부위는 상대적으로 뇌 표면을 크게 차지하는 반면, 등·허리·발 등은 작은 면적을 차지한다. 비슷한 원리는 다른 동물들에게도 적용된다. 시각·청각·촉각으로 세상을 느끼는 사람과는 달리 쥐는 콧수염을 통해 대부분 세상을 인지하기에 쥐의 뇌 지도에서 콧수염은 전체의 3분의 1 가까이를 차지한다.

나를 읽는 키워드, 호문클루스

우리는 살면서 몸을 통해 다양한 경험을 한다. 몸의 경험은 호문쿨루스에게 영향을 준다. 두 다리를 사용해 열심히 달리면 다리를 표현하는 영역이 늘어나고, 수년 동안 공을 가지고 저글링하면 호문쿨루스의 손 부분이 두꺼워지기도 한다. 그런가 하면 원숭이 손에 막대기를 붙여놓고 지속적으로 사용하게 하면 호문쿨루스의 손이 막대기 끝까지 연장되기도 한다. 오랫동안 운전하면 차의 끝 부분이 마치 몸의 한 부분처럼 느껴지는 경험을 많이들 해보았을 것이다.

뇌에 '나'의 몸은 결국 호문쿨루스로 표현된다고 가정한다면 경험을 통해 '나'와 '세상'의 경계가 바뀔 수도 있다는 말이 된다. 갓 태어난 아기들은 세상과 자신을 잘 구별하지 못한다. 눈에 보이는 물체 중 자신의 손은 '나'지만, 장난감은 '내가 아니다'라는 사실을 배워야 한다.

그렇다면 세상과 나의 경계는 어떤 기준으로 정해지는 것일까? 나의 몸은 내가 제어하기에 예측 가능하지만 세상은 타인이 제어하거나 랜덤으로 변해 예측하기 어렵다. 결국 나와 세상의 차이는 얼마만큼 예측 가능하냐에 달렸다고 주장해볼 수 있다. 더구나 LSD 같은 마약을 사용하면 어느 한순간 세상과 자신의 경계가 허물어지는 환각을 경험한다고 알려져 있다. 그렇다면 우리는 변하지 않는 나라는 자아를 가지고 태어나는 게 아닐 수도 있다. 나와 세상의 경계는 태어나 경험하는 수많은 물체 중 지속적으로 제어와 예측이 가능한 부분집합을 통해 정해지며, 그 경계선은 언제라도 다시 바뀌거나 허물어질 수도 있다는 위험한 생각을 해본다.

뇌는 끊임없이 정체성을 질문한다

2013년 아소 다로麻生太郎 일본 부총리가 나치 정권이 독일 바이마르공화국 헌법을 무력화시킨 방법을 사용해 일본 평화헌법을 개정하면 어떻겠냐고 말해 논란이 된 적이 있다. 독일에서 유년을 보낸 나로서 상당히 충격적으로 받아들일 수밖에 없는 발언이었다. 1933년 나치당NSPAP, 그러니까 '민족사회주의 독일노동당'은 국회 과반수도 얻지 못했다(마지막 '민주주의' 선거 당시 33.1퍼센트의 지지를 얻었다). 나치당은 결국 야당 의원 대부분을 체포한 후 1933년 2월 27일 국회의사당에 불을 지른다. 온 나라가 혼란과 두려움에 빠진 사이, 특별법을 통과시켜 드디어 바이마르공화국 자체가 바이마르공화국을 없애버리는 상황을 만드는 데 성공한다. 당원들은 무엇보다 형식적 규칙 그 자체를 중요하게 생각하는 전통적 독일인이었기에 독재 역시 '합법적'으로 만들려 했던 것일까? 하지만 '합법적 독재'란 단어 자체는 당연히 논리적 모순이기에, 오늘날 독일 학자들은 나치의 정권 장악을 '절차적 쿠데타'라고 부른다.

물론 아소 부총리는 나치도 아니고 오늘날 일본은 바이마르공화국도 아니다. 부총리가 도쿄 지요다 구에 위치한 일본 국회에 불을 지를 일도 없을 것이다. 문제는 정체성이다. 인간의 뇌는 끝없이 자신의 정체성을 질문한다. 자신이 누구이고 무엇을 할 수 있는지 예측할 수 있어야 최적화된 행동과 선택을 할 수 있기 때문이다. '나는 누군가'는 '나는 누가 되고 싶은가'의 다른 표현이라고 할 수 있다.

인간은 자신의 미래를 타인의 과거와 현재를 통해 정하려 하기 때문이다.

가끔 유럽 친구들이 "일본은 아시아의 독일이고, 한국은 아시아의 이탈리아"라는 말을 한다. '안전한 복지사회' '발달한 제조업'이 독일의 정체성이며 '멋지고 창의적인 국민'이 이탈리아의 정체성이라면 듣기 좋은 칭찬이겠다. 하지만 독일의 정체가 '비인간적 규칙주의'와 '인종차별'이라면 별로 좋은 이야기는 아닐 것이고, 한국이 이탈리아와 비슷한 이유가 '마피아'나 '베를루스코니 전 총리' 같은 '막장' 정치인들 때문이라면 당연히 기분 나쁜 지적일 것이다.

바이마르공화국의 치명적 문제는 역시 정체성이었다. 국민 개개인의 행복을 추구하는 서방 민주국가일까 아니면 민족의 우월함을 증명하려는 중세 국가일까? 제1차 세계대전 후 독일은 현대 과학, 건축, 예술을 탄생시켰다. 하지만 나치는 눈에 보이는 성과보다 눈에 보이지 않는 '그 무언가'가 더 중요하다고 독일인에게 주입시켰고, 결국 독일 국민의 잘못된 선택은 8000만 명의 목숨을 빼앗아갔다.

제2차 세계대전 후 일본은 그 어느 때보다 더 잘살았고 자유로웠으며 멋진 나라였다. 행복했던 일본 국민의 삶을 마치 '가축 같은' 행복이었다고 재해석하는 것은 역사적으로 큰 오해이며, 미래 세대에게는 불행의 씨앗이 될 수도 있다.

나는 누구인가. 뇌는 끊임없이 정체성을 질문한다

불평등하게, 다르게 태어나는 뇌

금을 많이 걷어 당장 복지를 늘리는 것이 최선의 방법일까, 아니면 세금을 낮추고 투자를 늘려 지속적 성장을 유도하는 사회가 장기적으로 더 행복할까? 쉽지 않은 질문이다. 단순히 경제학적·수학적 증명을 통해 내릴 수 있는 결론이 아니라, 개인적 선호도가 큰 영향을 주기 때문이다. 더구나 우리의 선호도는 객관적이지도 않다. '내'가 복지 또는 낮은 세금을 선호하는 이유는 어쩌면 복지 또는 낮은 세금을 통해 혜택을 받을 사람이 바로 '나 자신'일 것이라는 기대 때문이 아닐까. 그렇다면 지금 이 순간 나의 개인적 상황과 무관한 '객관적' 선호도란 존재하는 것일까.

하버드 대학의 도덕 철학자 존 롤스John Rawls는 '무지의 베일veil of ignorance'이라는 개념을 도입했다. 내가 어떤 사람으로, 어떤 가정에서 태어날지 알 수 없는 상황을 상상한 후 나의 사회적 선호도를 정해야 한다는 것이다. 예를 들어 인종차별법의 정당화를 결정하기 전이라면 내가 어떤 인종으로 태어날지 모를 것이라는 상황 아래서 결정해야 한다는 주장이다.

우리에겐 '어떤 세상에 태어나게 될지 모른다'는 그 전제 자체가 불가능할 수도 있다는 연구 결과가 최근 나왔다. 핀란드 헬싱키 대학의 민나 후오티라이넨Minna Huotilainen 교수 팀은 태아에게 하루 15분 정도 특정 소리를 변형시켜가며 듣게 했다. 출생 후 다른 아이들과 비교한 결과, 출생 전 청각 트레이닝을 받은 아이들의 뇌가 훨씬 더 활발하게 반응하는 것으로 나타났다. 물론 과학적 증명이 좀 더 필요한 결과지만, 흥미로운 해석을 해볼 수는 있다. 임신중 엄마의 건강과 영양상태가 태아의 육체적 발달에 큰 영향을 미치는 것은 지극히 당연하다. 뇌도 육체의 한 부분이기에 환경적 조건에 영향을 받을 것이다. 이번 연구의 핵심은 매우 섬세한 환경적 변화마저도 발달하는 뇌에 큰 영향을 미친다는 사실이다. 아니, 어쩌면 '소리의 변화' 같은 미세한 환경적 조건이 발달하는 뇌의 구조 그 자체를 좌우할 수도 있다.

헬싱키 대학의 연구진은 출생 전 청각 트레이닝을 통해 언어장애 같은 문제를 해결할 수 있지 않을까 하는 희망적 기대를 제시했다. 하지만 반대로 비관적 해석도 해볼 수 있다. 우리 뇌의 선호도 그 자체가 태어나기 전 부모의 경제적 조건과 우리가 태어날 나라의 환경적 상황을 통해 이미 정해질 수 있지 않을까. 결국 롤스가 말하는 '미지의 베일' 은 불가능하며, 우리는 태어나는 그 순간부터 각자 불평등하게 다른 베일을 머리에 쓰고 세상을 인식하게 되는 셈이다.

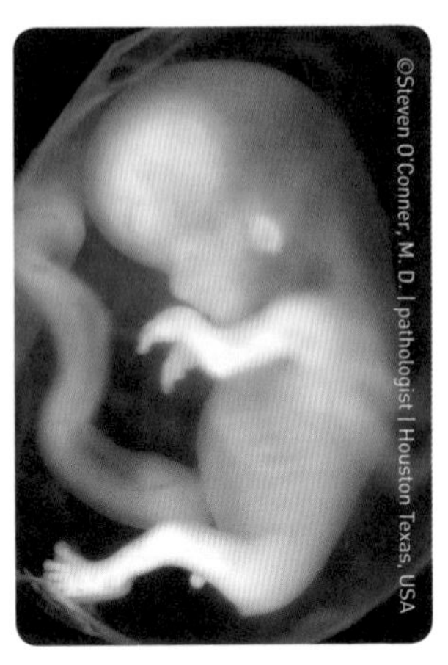

뇌는 출생 전에 이미 많은 환경적 영향을 받는다

뇌는 세 단계를 거쳐 자란다

뇌와 관련해 가장 놀라운 사실은, 성장하는 동안 뇌에 엄청난 변화가 일어난다는 것이다. 몇 가지 기본적인 변화는 거의 모든 뇌에서 유사하게 일어난다. 그리고 뇌가 자라는 동안의 시냅스 연결성은 세 단계로 구성된다.

처음 두 단계는 유전적으로 결정되기 때문에 외부 환경의 영향을 그다지 받지 않는다. 이 단계에서 뇌의 연결 패턴은 대충 골격만 갖춘 기본 구성이므로 연결성은 아직 완성되지 않은 상태다. 세부적인 시냅스 연결은 그다음 단계에서 이루어지는데, 주변의 감각적 환경에 의해 결정된다. 결정적 시기라고 불리는 기간 동안에 많이 사용되는 시냅스들은 연결이 점점 더 강해지고, 그렇지 않은 것은 약해지다 사라진다.

일단 결정적 시기가 끝나고 나면 시냅스의 연결성은 더이상 바뀌지 않는다. 즉 결정적 시기 동안 두뇌의 하드웨어가 결정된다는 뜻이다. 이후에 배우는 모든 것들은 12세 전후에 결정되고 굳어진 시냅스의 통로pathway를 따라 움직이는 것이라고 할 수 있다.

Brain Story
12

만약 눈이
하나였다면?

눈이 하나인 거인 '키클롭스'가 사는 섬을 탐사하던 오디세우스와 동료들은 폴리페모스라는 거인의 동굴에 갇혀 하나둘씩 잡아먹히게 된다. 하지만 오디세우스는 폴리페모스를 취하게 한 후 그의 단 하나뿐인 눈을 뾰족한 나무로 찔러 살아남을 수 있었다. 이를 토대로 우리는 재미있는 질문을 할 수 있다. 만약 폴리페모스가 두 개의 눈을 가졌어도 오디세우스가 탈출할 수 있었을까? 그러고 보니 더 흥미로운 질문을 할 수 있겠다.

왜 대부분 생명체는 눈을 두 개씩 가지고 있는 것일까?

눈은 왜 두 개일까

대부분의 동물은 몸 또는 머리에 왼쪽·오른쪽 축으로 대칭된 두 개의 눈을 가지고 있다. (왜 위아래 축이지 않을까?) 더구나 뇌가 발달한 고등동물은 세상에서 들어오는 정보와 그 정보의 뇌 내부 처리가 거꾸로일 경우가 많다.

앞서 살펴봤듯이 시야의 왼쪽에서 들어오는 정보는 우뇌에서 처리되고, 오른쪽 정보는 좌뇌로 전달된다. 몸에 대한 정보 역시 같은 방식이다. 우뇌가 왼쪽 몸을 통제하고, 오른쪽 몸은 좌뇌를 통해 조절된다. 그래서 만약 지인이나 친척이 뇌졸중으로 오른손을 쓸 수 없다면 왼쪽 뇌에 문제가 있을 거라고 이해할 수 있다. 그런데 뇌는 정보를 왜 이런 식으로 처리하는 것일까?

폴리페모스의 눈이 두 개였다면,
오디세우스가 탈출할 수 있었을까?

몇 년 전, 독일 막스-플랑크 생명사이버네틱스연구소 소장이었던 발렌티노 브레이텐베르크 Valentino Braitenberg 교수가 재미있는 가설을 제시했다. 수천만 년 전, 신경 시스템이 처음 만들어졌을 당시를 생각해보자. 원시 뇌를 가진 생명체가 풀어야 할 문제 중 먹이 또는 짝 찾기가 가장 중요하지 않았을까 생각해볼 수 있다. 무언가를 알아보는 눈과 공간 이동에 필요한 지느러미 또는 다리 같은 것이 이미 진화되어 있는 상태라고 추가로 가설해보자. 그렇다면 생명체가 풀어야 할 문제는 '가지고 싶은 것이 있는 장소로 움직이기'라고 표현할 수 있다.

그런데 만약 눈이 하나라면 문제가 있다. 먹이나 짝이 직선으로 앞에 있다면 갈 수 있겠지만 왼쪽 또는 오른쪽에 있다면 어려워 보인다. 이 생명체는 아직 방향을 바꿀 수 없기 때문이다. 하지만 눈을 하나 더 추가해 좌우 축으로 눈을 배열하고 정보를 지느러미 또는 다리에 거꾸로 전달해준다면 가능해질 수도 있다. 먹이가 왼쪽에 있다면 왼쪽 눈이 먼저 보게 돼 정보는 오른쪽 다리에 전달된다. 결국 오른쪽 다리가 왼쪽 다리보다 먼저 움직이게 되므로 몸은 자연스럽게 왼쪽으로 돌게 돼 이 생명체는 먹이 혹은 짝이 있는 곳으로 이동할 수 있게 된다는 이론이다.

만약 브레이텐베르크 교수의 가설이 옳다면 외눈박이인 폴리페모스는 방향을 바꿀 수 없어야 한다. 호머Homer가 이 사실을 알았다면 오디세우스는 옆으로 살짝 비키는 조금 더 단순한 방법으로 거인을 피할 수 있었을 수도 있겠다는 상상을 해본다.

눈은 마음의 창문? 공학적 실패작!

그런데 눈과 관련, 또 한 가지 의문점이 있다. 로마시대의 정치가이자 철학자였던 키케로는 "얼굴은 마음의 그림이며, 눈은 그 그림의 해설자"라고 주장했다. 그후 눈은 '마음의 창문oculus anime index'이라고 불리기 시작했다. 그 덕분인지 눈동자 동작을 통한 초기 치매 진단 가능성, 사람 성격이 동공을 둘러싸고 있는 홍채의 미세 패턴을 좌우할 수도 있다는 결과가 꾸준히 보고되곤 한다. 하지만 뇌과학자의 관점에서 볼 때 인간의 눈은 마음의 창문이라기보다 공학적 실패작에 가깝다.

우선 전체적인 구조가 잘못되어 있다. 빛은 각막과 동공을 통해 망막에 닿는데, 빛을 감지하는 광수용 세포들은 놀랍게도 빛이 들어오는 방향이 아닌 망막 후반부에 있다. 그 사이엔 수많은 세포층과 망막 내부 혈관이 있어 바깥세상에서 들어오는 영상에는 어쩔 수 없이 수많은 그림자가 생긴다.

하지만 우리 눈에 보이는 세상에는 그런 그림자가 없다. 왜 그런 걸까? 구체적으로 우리의 뇌가 어떤 방법을 통해 그것을 가능하게 하는지는 밝혀지지 않았지만, 뇌가 눈을 통해 들어오는 영상들의 시간적 차이를 분석한다는 가설을 세워볼 수 있다. 외부 세상의 물체는 대부분 움직임으로 시간적 변화를 갖겠지만 눈 내부 혈관 그림자는 변하지 않을 것이다. 뇌는 단순히 '변하지 않는 것은 존재하지 않는다'는 믿음으로 원래 영상에 있던 수많은 그림자를 깔끔히 제거할 수 있다.

그런데 여기서 문제가 생긴다. 외부 세상에도 바위나 나무처럼 움직이지 않는 물체가 있다. 이런 문제를 풀기 위해 우리 눈은 잠시도 가만히 있지 않는다. 단속적 안구운동이라는 미세 안구운동을 통해 눈은 계속 움직이고, 덕분에 망막에 닿는 외부 세상 물체의 영상은 망막 내부에서 생기는 그림자와는 달리 수시로 변한다. 뇌에 있어 변화는 존재성을 의미하므로 우리는 그런 외부 세상의 물체를 인식할 수 있다.

설계가 잘못된 망막이 감지한 시각적 정보를 뇌로 전달하는 데 또다른 공학적 문제가 생긴다. 광수용 세포가 망막 후반부에 있다 보니 그 세포에서 나오는 시신경은 어딘가 망막 한 부분을 파고 지나가야만 한다. 이렇게 파인 부분에선 당연히 빛을 감지할 수 없다. 바로 맹점盲點이다. 우리는 맹점이라는 시야의 상당히 커다란 부분에선 아무것도 볼 수 없다. 하지만 우리 눈에 보이는 세상엔 그런 블랙홀이 없다. 이것 역시 뇌의 역할 덕분이다. 뇌는 망막에 보이는 블랙홀이 실제로 외부 세상엔 존재하지 않는다는 사실을 안다. 마치 컴퓨터 자판에서 'ctrl+c'와 'ctrl+v'를 누르듯 맹점 주변 배경을 복사해 블랙홀 안을 채운다. 눈은 마음의 창문도, 마음의 해설자도 아니다. 눈은 세상의 해석자고, 우리는 지금 이 순간에도 눈과 뇌가 해석한 세상을 보고 있다.

photo by Tom Tolkien

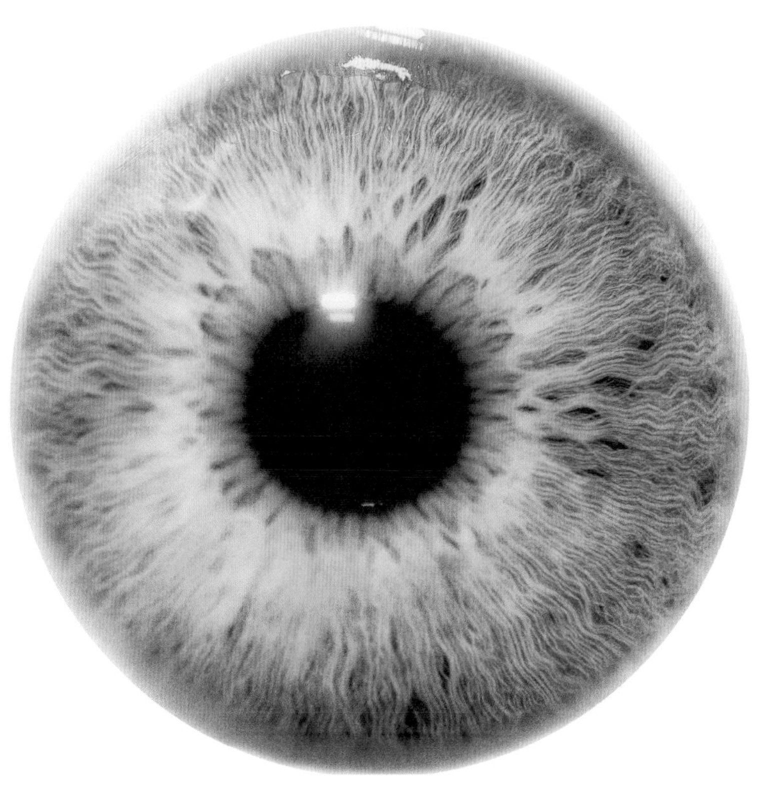

뇌과학자 관점에서 볼 때 인간의 눈은
마음의 창문이라기보다 공학적 실패작에 가깝다

시각피질

'본다'라는 것은 무엇을 말하는가. 눈만 뜨면 바로 옆의 사물이 보이기 때문에 별다른 의미가 없는 질문으로 여길 수 있다. 그러나 현대 뇌과학에서는 이런 간단한 문제가 뇌의 신비를 보여준다고 생각한다. 3, 4세 아이의 뇌는 아무 문제 없이 엄마의 얼굴을 알아보지만 세계 최고 성능의 슈퍼컴퓨터는 아직까지 사람의 얼굴을 인식하지 못한다.

사람의 뇌 구조와 가장 흡사한 원숭이의 뇌의 절반 이상은 시각 처리를 위해 사용된다. 사람이 물체를 보는 과정을 풀어서 설명해보면 다음과 같다. 우리가 어떤 사물을 보면 그 사물에 반사된 빛이 눈의 렌즈와 망막을 통해 대뇌의 후반부에 위치한 '주시각 대뇌피질primary visual cortex'이라는 시각뇌의 영역에 도착한다. 이 영역에는 그 사물에 관한 모든 정보가 그대로 남아 있는 상태지만, 주시각 대뇌피질을 지나면 사물에 관한 정보는 약 25개의

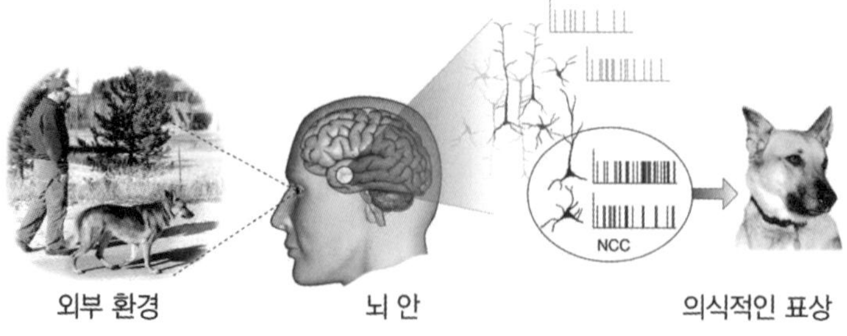

영역으로 나누어지게 된다.

이 영역들은 크게 두 부분으로 나뉘는데, 머리의 위쪽에 있는 부분은 주로 사물의 위치와 움직임에 관한 정보를, 아래쪽에 있는 부분은 사물의 형태나 색깔, 구조에 관한 정보를 받아들인다.

그렇다면 우리가 빨간 사과를 볼 때 그 사물을 '빨간' '둥근'이라는 두 개의 정보가 아니라 '빨간 사과'라는 하나의 정보로 인식하는 이유는 무엇일까? 현대 뇌과학에서는 두 가지 가설을 내놓고 있다. 유력한 이론은 사물에 반응하는 많은 영역들의 활동 자체가 그 사물의 영상이라는 것이다. 즉 우리가 사물을 인식하고 기억한다는 것은 과거에 경험했던 것을 연상하면서 그 모양을 인식하는 것을 의미한다. 또다른 주장은 뇌 안에서 흩어진 여러 가지 정보가 밝혀지지 않은 뇌의 또다른 영역에서 합쳐진다는 것인데, 이 주장은 뇌과학자들 사이에서는 받아들여지지 않고 있다.

Brain Story
13

외모에 관한
몇 가지 진실

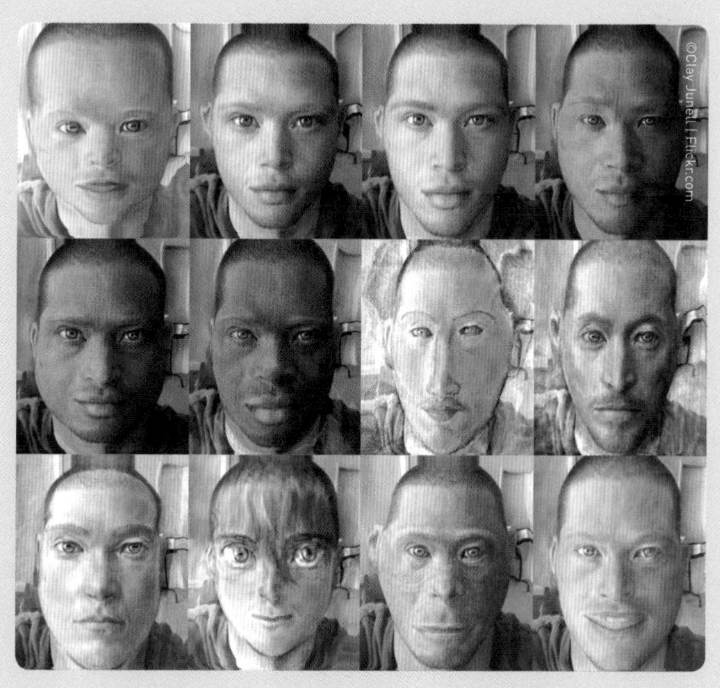

나이를 먹을수록 점점 '사람 속마음은 정말 알 수 없다'는 생각이 자주 든다. 생각과 감성은 모두 뇌 안에서 만들어진다. 하지만 누차 강조하듯 뇌는 두개골이라는 두껍고 어두운 '감옥' 안에 갇혀 있는 '죄인' 같다. 바깥세상에서 일어나는 일을 뇌가 직접적으로 인식하기 어려운 것처럼, 뇌 내부에서 일어나는 일을 바깥에서 읽어내는 것도 결코 쉽지 않다.

선한 사람인지, 출세할 사람인지, 살육을 해서라도 왕 자리를 탐낼 만큼 탐욕스러운 사람인지…… 얼굴만 보고도 다른 사람의 성품과 운명을 읽을 수 있는 천재적 관상가의 이야기를 다룬 영화가 인기를 얻은 적이 있다. 하지만 정말 얼굴만 보고 한 사람의 생각과 성품을 알아낼 수 있을까? 어떻게 얼굴 생김새만으로 운명을 예측할 수 있다는 것일까?

진실 하나.
정말 얼굴로 운명이 정해질 수 있을까

18세기 유럽에서 인기를 끌었던 골상학 역시 비슷한 주장을 했다. 오스트리아 해부학자였던 프란츠 갈은 흥미로운 질문을 던졌다. 뇌의 모든 영역은 기능이 같을까? 몸은 팔·다리·머리 같은 기능적 영역으로 나뉘어 있다. 그렇다면 뇌 역시 부위마다 기능이 다르지 않을까? 그리고 팔다리를 많이 쓸수록 근육이 생기듯 뇌 부위

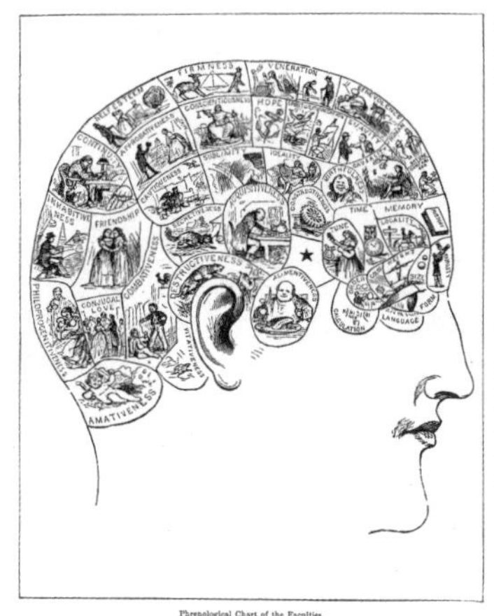

(왼쪽) 오스트리아 해부학자 갈이 제시한 부위별 특징을 보여주는 두개골 모델.
(오른쪽) 프란츠 갈

가 활발히 작동할수록 주변 두개골 역시 늘어나지 않을까 하는 가설을 세워볼 수 있다. 결국 골상학자들은 '선한 사람' '출세한 사람' '범죄자'의 두개골을 손으로 만져 차별화되는 부위가 있는지 찾기 시작했다. 출세한 사람의 뒤통수가 튀어나왔으면, 뒤통수 부위가 바로 그의 능력과 연관되어 있다는 가설을 세운 것이다.

골상학 그리고 관상 모두 과학적으로는 근거가 없는 이론이다. 물론 유전적 차이 외에 환경적 차이 역시 얼굴 생김새에 변화를 준다. 하지만 얼굴과 두개골 모양이 사람 운명을 좌우한다는 주장에는 문제가 있다. 우리 모두 언젠간 죽는다는 사실 외에 미래는 정해져 있지 않기 때문이다. 하지만 크게 출세할 관상을 가진 사람이 정말 출세한 경우도 있지 않은가? 물론 있다. 그렇지만 출세할 관상을 가지고도 출세하지 못한 사람이 있고, 거꾸로 그렇지 않은 얼굴로도 출세한 사람이 많다.

우주는 확률 시스템이다. 줄담배를 피우며 고래같이 술을 마셔도 100세까지 장수하는 사람이 있듯이, 확률적으로는 거의 모든 것이 가능하다. 출세할 관상을 가진 사람 100명과 그렇지 않은 사람 100명에게 동일한 유전적·경제적·사회적 조건을 준 다음 그들의 미래를 관찰해야만 통계학적으로 의미 있는 정의를 내릴 수 있다. 그렇지 않은 경우에는 관상이 운명을 좌우하는 것이 아니라, '관상이 운명을 좌우한다고 보는 우리의 근거 없는 믿음'이 타인의 운명을 좌우할 뿐이다.

진실 둘.
완벽한 외모란 정말 좋기만 할까

기원전 323년 마케도니아 출신 알렉산더 대왕이 33세의 젊은 나이로 숨진 후, 알렉산더가 남긴 거대한 제국을 탐내던 장군들 사이에서 수십 년간의 전쟁이 시작된다. 결국 알렉산더의 배다른 형제라는 설이 돌던 프톨레마이오스가 이집트를 차지해 그리스인이 주도하는 새로운 이집트 왕조가 탄생된다.

그로부터 250년 후 나타난 프톨레마이오스의 후손 클레오파트라 7세. 흔히 '클레오파트라'라고 불리는 그녀는 사실 이집트 여왕이

엘리자베스 테일러가 주연을 맡은 영화 〈클레오파트라〉(1963)

아닌 이집트를 정복한 그리스 왕족의 여왕이었다. 로마 권력자 카이사르와 마르쿠스 안토니우스를 사로잡았다던 클레오파트라. 완벽한 외모라고 하기에는 너무나 큰 코, 귀엽기보단 지적이던 눈. 사실 그녀는 완벽한 미인은 아니었다. 하지만 클레오파트라는 당시 최고의 카리스마를 가진 여성이었다고 한다. 대화 상대를 즐겁게 해주고, 한번 이야기를 나누기 시작하면 빠져나올 수 없도록 하는 매력을 지녔기에 모두 그녀 앞에서는 한없이 작아졌던 것이다.

'성형왕국'이라는 타이틀을 가지고 있는 대한민국. 완벽하게 아름다운 얼굴과 몸매를 위해서라면 목숨이 위험한 수술까지 주저하지 않는 우리나라이기에 이런 질문을 해볼 수 있다.

"완벽한 외모란 정말 좋기만 한 걸까?"

좋은 직장을 구하고, 멋진 파트너를 만나고, 사회적으로 성공하기 위해 많은 사람이 성형수술을 선택한다. 더 완벽한 외모를 통해 타인으로부터 더 인정받고 싶은 욕구가 존재하는 것이다. 하지만 인간은 정말 아름다운 얼굴을 덜 아름다운 얼굴보다 더 잘 기억하고 더 높게 인정할까?

얼마 전, 한 독일 연구 팀이 재미있는 연구 결과를 발표했다. 우선 보편적으로 아름다운 얼굴과 그렇지 않은 얼굴로 구분된 자극들을 피험자에게 잠시 보여준다. 다음 실험 단계에서는 여러 자극 중 첫 단계에서 본 얼굴들을 알아보면 된다. 결과는 뜻밖이었다. 대부분 사람이 '아름답다'고 판단한 얼굴들을 피험자들은 가장 기억하기 어려워했다. 왜 그런 걸까?

인간은 아름다움에 끌리기 마련이다.
하지만 아름다움 자체는 지속적인 기억으로 유지되기에 부족하다

피험자들에게 얻은 뇌파 데이터 분석을 통해 연구 팀은 이런 해석을 제시한다. '인간은 아름다운 사물과 얼굴에 끌린다. 하지만 아름다움 그 자체는 첫 관심은 끌 수 있지만, 지속적인 기억으로 유지되기엔 부족하다. 더구나 아름다움에 대한 강한 감성적 반응이 기억에 역효과까지 줄 수 있다.'

기억은 독특한 과거 경험의 합집합이다. 날마다 먹는 점심 메뉴가 쉽게 기억나지 않는 것처럼, 차별화되지 않는 아름다움 역시 쉽게 잊힌다는 말이다. '강남미인도'라는 신조어가 탄생할 정도로 수술받은 얼굴들은 비슷한 아름다움을 추구한다. 하지만 더 인정받고, 더 성공하기 위한 수술이 아니었던가. 인정받기 위해서는 당연히 잘 기억돼야 한다. 보고 바로 잊혀진다면, 아무리 아름다워봐야 무슨 소용이겠는가. 결국 가장 효과적인 아름다움은 눈만 즐겁게 해주는 아름다움이 아닌 마음과 기억을 즐겁게 해주는 '클레오파트라다운' 아름다움일 것이다.

진실 셋.
태어나는 순간, 죽을 때의 얼굴을 알 수 있다?

영화 〈프로메테우스〉에서 완벽한 외모로 여성들의 마음을 흔든 배우 마이클 파스벤더, 전 세계 모든 남자의 로망인 앤젤리나 졸리, 그리고 스칼렛 조핸슨의 매력적인 얼굴, 권력에 대한 욕망과 냉혹

함으로 가득찬 블라디미르 푸틴 러시아 대통령의 얼굴…… 우리에게 얼굴은 대인관계를 위한 명함이자 마음의 거울이며 나라는 자아의 과거다.

얼굴은 어떻게 만들어지는 것일까? 우선 자란 환경이 외모에 큰 영향을 줄 것이다. 우리는 19세기 말 조선시대 사진에서 2014년 대한민국 사람들과는 너무나도 다른 우리 조상들 얼굴을 보고 놀라곤 한다.

환경이 변하면 물론 외모도 변한다. 가난한 나라가 잘살게 되면 국민의 평균 몸무게가 늘고 키가 커진다. 피부도 좋아지고 얼굴에는 생기가 돈다. 하지만 환경과 독립된 요소도 있다. 같은 환경에서 자라도 인종에 따라 다양한 생김새를 가진 미국인들이 그렇듯 말이다. 최근 인간의 얼굴을 불과 수십 개 유전자를 통해 예측할 수 있을 것이라는 결과가 발표돼 논란이 되고 있다. 펜실베이니아 주립대학의 마크 슈라이버Mark Shriver 교수 팀은 피험자 약 600명의 DNA를 7000가지 중요 포인트로 나뉜 얼굴 구조와 통계학적으로 비교해보았다. 결과는 뜻밖이었다. 불과 20개 유전자의 24가지 변형으로 대부분 얼굴의 차이를 설명할 수 있었다.

슈라이버 교수의 결과가 검증된다면 우리는 그리 머지않은 미래에 유전자만 갖고 사람의 얼굴을 재현할 수 있을 것이다. 범죄 현장에 남은 DNA로 용의자 얼굴을 재현해 추적할 수 있고, 네안데르탈인의 얼굴을 추론해볼 수 있다. 물론 아직 태어나지 않은 아이의 얼굴을 만들어볼 수도 있고, 나 자신의 노화된 얼굴을 미리 볼 수 있을 것이다. 태어나는 순간 이미 죽을 때의 얼굴을 볼 수 있다는 사실, 행운일까? 아니면 미래 인류 최고의 저주가 될까?

진실 넷.
사람은 옷을 만들고, 옷은 사람을 만든다

얼마 전 건강검진을 받으러 갔다. 해마다 느끼지만 적어도 건강보험제도만큼은 우리나라가 선진국 수준인 것 같다. 아니, 어쩌면 대부분 선진국보다 더 효율적인 시스템을 운용하고 있는지도 모른다. 오바마 대통령의 의료보험 개혁이 어려움을 겪는 것에서 보듯, 미국은 건강관리에 가장 많은 돈을 투자하면서도 가장 비싸고 비효율적인 의료보험제도를 가지고 있다. 반대로 대부분 유럽 국가들은 치료비 전체가 보험 처리되어 심각한 재정문제를 일으키고 있다.

건강검진을 받을 때는 우선 헐렁하고 편한 옷으로 갈아입는다. 물론 빠른 진료를 위해 디자인된 옷이겠지만, 편한 환자복을 입는 순간 갑자기 어딘가 아픈 것 같아지는 것은 나 혼자만일까? 헐렁한 파란 환자복을 입고 검은색 또는 핑크색 슬리퍼를 신는 순간 대기업 임원도, 기자도, 교수도, 국회의원도 모두 '환자'가 된다. 하얀 가운을 입은 의사나 간호사의 명령에 복종하게 되고 그들이 갑자기 신처럼 보이기 시작한다. 하얀 옷이면 갑, 파란 옷이면 을이다.

사실 옷이 인간의 상태, 성격은 물론이고 개개인의 비전과 자신감까지 좌우한다는 사실은 널리 알려져 있다. 그렇기에 고대 군사들 사이에서는 누가 더 멋진 갑옷과 더 화려한 깃털을 단 투구를 가졌는지가 전투의 승산을 좌우하곤 했다. 태어날 당시 산파의 실수로 왼손을 못 쓰게 된 마지막 독일 황제 빌헬름 2세는 자신의 열등감을 전설에나 나올 법한 '판타지 유니폼'으로 감추려 하지 않았던가. 반대로 감옥에 갇힌 죄인들에겐 최대한 자신감을 감소시키는 옷이 제공된다. 유대인 수용소에서는 남녀노소 누구나 속옷도 없이 한두 치수 더 큰 옷을 입어야 했다. 유대인들은 반짝거리는 가죽 부츠를 신고 몸에 착 달라붙는 유니폼을 입은 독일 군인들과 속옷도 입지 않은 자신들을 비교하면서 주눅들지 않을 수 없었을 것이다.

인간의 뇌는 세상을 있는 그대로 보고 판단하는 기계가 아니다. 뇌는 단지 외부 세상과 내 몸의 상태를 최대한 정당화할 수 있는 설명을 찾을 뿐이다. 영웅 같은 옷을 입으면 나 자신을 영웅으로 착각하고, 속옷도 없는 헐렁한 옷을 입으면 마음 역시 약해지고 허물어지게 된다. 반체제 구소련의 천재 물리학자 안드레이 사하로프Andrei Sakharov는 수소폭탄을 개발했으나 핵실험 반대를 표명하는 등 인권 활동가로 활동했다. 그는 가택 연금상태에 있다가 결국 유배당했는데 이 기간 동안 칼과 포크를 사용할 수 없었다. 소련 정부는 어린아이처럼 포크와 칼이 아닌 수저로만 음식을 먹게 함으로써, 사하로프를 어린아이같이 나약하게 만들려고 했던 것이다.

얼마 전 미국의 한 시민단체가 노숙자로 생활하던 퇴역 군인을 다시 깔끔하고 멋진 모습으로 탈바꿈시켜주는 과정을 인터넷에 올려 화제가 된 바 있다. 인생을 포기하고 살던 사람이 자신의 '모습'을 바꿈으로써 그의 '태도'와 '꿈'도 바꿀 수 있을 것이라는 생각에서였다. 뇌과학적으로 충분히 근거 있는 희망일 것이다.

Brain Story
14

머리가 나쁘면
정말 몸이 고생할까

"사과는 맛있어, 맛있으면 바나나, 바나나는 길어, 길면 기차, 기차는 빨라, 빠르면 비행기, 비행기는 높아, 높으면 백두산……" 어린 시절 다들 한 번쯤 불러본 노래일 것이다. 그런데 이 노래 속 논리대로라면 결국 '사과=백두산'이 된다. 어떻게 사과가 백두산과 같다고 할 수 있다는 것일까? 답은 뇌가 즐겨 사용하는 관념 간의 연합 또는 연상 때문이다.

파블로프의 개와 스포츠카의 상관관계

러시아 과학자 이반 파블로프Ivan Pavlov는 20세기 초, 개념 간의 연상에 대한 핵심적 실험 결과를 얻을 수 있었다. 아래 그림을 보자. 개들은 음식을 보면 자연스럽게 침을 흘리지만, 평범한 종소리

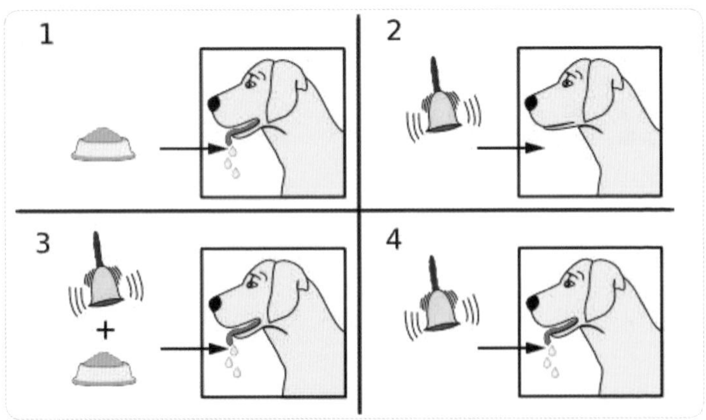

를 듣고는 그런 반응을 보이지 않는다. 하지만 음식과 종소리를 동시에 경험하도록 하는 일이 계속 반복되면, 개는 종소리만 들어도 침을 흘리기 시작한다. 선천적으로는 관련없었던 '음식'과 '종소리'라는 두 개념이 반복된 경험을 통해 서로 연상화된 것이다. 파블로프는 음식물처럼 생리적 반응을 유도하는 자극을 어떻게 하면 새로운 자극과 연상시킬 수 있는지와 관련한 수많은 연구를 진행했다. 그리고 사람 역시 다양한 훈련을 통해 원하는 행동의 변화를 유도할 수 있다는 가능성을 보여주었다.

그런데 개념 간에 연상은 어떻게 만들어지는 것일까? 자극 간의 시간적 상호관계가 중요한 역할을 한다는 연구 결과가 있다. 예를 들어 어린아이가 사과를 먹는 상황을 생각해보자. 아이는 사과를 보며 동시에 사과의 단맛을 느낄 것이다. 결국 아이의 뇌에는 사과의 '모양'과 '맛'이라는 두 가지 정보가 거의 동시에 도착한다. 이렇게 동시에 도착한 정보들은 신경세포 간 연결고리를 통해 전달된다. 연결고리는 평소에는 한정된 숫자의 수용체receptor만을 통해 정보가 전달되다가, 신경세포들이 동시에 활성화되면 더 많은 수용체가 열려 정보 전송률이 높아지는 특성을 가지고 있다. 이 때문에 사과의 '모양'과 '맛'을 연결해주는 신경세포들은 다른 신경세포들보다 서로를 활성화할 확률이 높아지고, 우리는 사과를 보기만 해도 사과의 맛을 상상할 수 있게 된다.

파블로프의 연구는 러시아혁명 후 정부의 큰 관심과 지원을 받았다. 전체주의 사회의 지도자들에게 정부가 원하는 대로 국민의 행동을 유도할 수 있다는 희망은 매력적일 수밖에 없다. 하지만 아이로니컬하게도 파블로프의 연구는 자본주의의 꽃이라고도 부를 수 있는 광고에서 가장 효율적으로 사용된다. 남자들의 로망인 고급 승용차 광고에는 레이싱 걸이 빠지지 않는다. 시각적 자극을 통해 관심을 끌려는 의도도 있겠지만, 결국 미녀와 스포츠카라는 두 자극이 반복되는 시간적 상호관계를 통해 파블로프식으로 연상화된다. 스포츠카를 보며 침을 흘리는 우리는 결국 종소리를 들으며 침을 흘리는 파블로프의 개와 다를 바 없다는 이야기다.

남보다 '빨리' '잘' 실패하는 것이 성공의 비밀

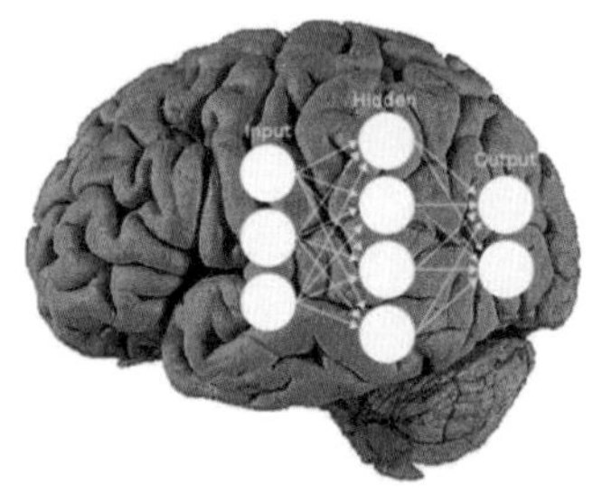

뇌 신경망들은 '경험'과 '오차' 위주로 학습한다

파블로프의 연구는 뇌를 이해하면 행동을 유도하는 것이 가능할 수 있다는 사실을 보여준다. 마찬가지로 뇌를 알고 나면 학습을 보다 성공적으로 수행하는 것도 가능하다. 학습이란 어떻게 가능할까? 수학적 모델을 통해 뇌 기능을 이해하려는 계산뇌과학적 방법은 '경험'과 '오차' 위주라고 가정한다. 처음 영어로 '사과'는 'apple'이라고 학습한다고 생각해보자. 알아들을 수 없는 말로 학생이 웅얼거리면 선생님은 계속 발음을 교정해준다. 같은 과정을 여러 번 반복하다 보면 발음은 점점 더 정확해져 'epel'→'apel'→'apple' 같은 식으로 변하게 된다. 이때 뇌 안에서는 어떤 일이 벌어질까?

뇌 안의 모든 정보와 지식은 신경세포 간의 연결성, 즉 시냅스를 통해 만들어진다고 알려져 있다. 시냅스의 유연성이 높은 어린 시절(결정적 시기)에는 경험을 기반으로 자주 쓰는 신경세포는 살아남고, 쓰지 않는 세포는 사라진다. 찰흙같이 구조적으로 '말랑말랑'한 뇌가 경험을 통해 그 경험을 가능하게 한 특정 환경에 최적화된다는 것이다. '경험'의 역할은 결정적 시기(10~12세)가 끝나고도 계속된다. 어린 뇌에서 경험은 단순히 '온 오프' 역할을 한다고 볼 수 있다. 시냅스는 쓰면 살아남고(On), 쓰지 않으면 없어진다(Off). 하지만 '사과=apple'이라는 발음과 의미를 학습하기 위해서는 좀더 구체적인 방법이 필요하다. '사과'를 볼 때 'apple'이라는 발음을 만들어내야 하는 수많은 시각·청각·언어 신경세포 간의 연결성이 적절한 수준으로 바뀌어야 한다. 어떤 수준이 '적절한' 수준일까? 뇌는 이를 반복된 시도와 실패를 통해 얻게 된다. apple이라는 정답을 구현하기 위해서 뇌는 우선 수많은 실패작을 만든다. 실패작과 정답의 오차를 기반으로 신경세포 간의 연결성을 변형하면 점차 정답에 가까운 답을 낼 수 있게 된다는 것이다.

우리는 보통 결과물을 '실패'와 '성공'으로 나누려 한다. 하지만 현실은 그보다 복잡하다. 성공과 실패 사이에는 '성공적 실패'와 '실패적 성공'이 있기 때문이다. 뇌는 정답과 실패작의 오차를 지속적으로 줄이는 방법을 통해 매우 '성공적인 실패'를 한다. 반면 현실에서는 '실패적 성공'도 많다. 보여주기식 목표 달성만을 추구하는 정책이나 과학 프로젝트 등이 그렇다. 이런 실패적 성공은 '이미 성공했다'는 착각만 만들어낼 뿐이다.

20세기 최고의 물리학자 중 한 명이었던 볼프강 파울리Wolfgang Pauli는 의미 없는 실험이나 프로젝트를 평가하며 이렇게 말했다고 한다. "그건 틀리지조차 않았다고!" 결국 성공이냐 실패냐, 그 자체는 중요한 것이 아니다. 그 과정을 통해 우리가 얼마나 새로운 것을 배우느냐가 핵심이다. 그렇다면 남보다 더 빨리, 성공적으로 실패하는 것이 성공의 비밀일 것이다.

머리가 나쁘면 정말 몸이 고생할까

"머리 좀 쓰며 살자!" "머리가 나쁘면 몸이 힘들다."

살면서 종종 듣고 생각하게 되는 말들이다. 우리는 언제부터 '머리'와 '생각'이 연관됐다는 사실을 알게 된 것일까?

죽은 사람과 산 사람의 가장 큰 차이는 죽으면 더이상 숨을 쉬지 않는다는 점일 것이다. 그래서 고대 그리스인들은 삶은 공기를 통해 들어온다고 생각했다. 그런데 적어도 두 가지 종류의 삶이 존재하는 듯했다. 먹고 마시고 번식하는 '몸'으로 사는 삶과 생각하고 기억하고 꿈을 꾸는 '정신적' 삶이 그것이다.

그렇다면 공기 역시 '생명의 공기vital pneuma'와 '정신의 공기psychic pneuma', 두 가지로 존재하지 않을까? 이미 시체 해부를 통해 상당한 해부학 지식이 있었던 고대 그리스인들은 공기가 입과 호흡관을 통해 허파로 간다는 사실을 알았다. 더구나 허파로 들어간 공기는 혈관을 통해 피와 함께 심장으로 가는 듯했다. 수치스러운 과거를 되새기거나, 아름다운 여인을 만나면 가슴이 뛴다. 아리스토텔레스는 인간은 심장을 통해 생각한다고 믿었고, 뇌는 뜨거워진 피의 온도를 내려주는 냉각 역할을 한다고 주장했다. 그래서 우리는 여전히 '마음이 아프다'와 '가슴이 아프다'를 동일하게 생각하기도 한다.

그후 생각의 장기에 대한 다양한 이론이 제시됐지만, 로마시대 최고의 의사였던 클라우디우스 갈레누스Claudius Galenus가 드디어 설

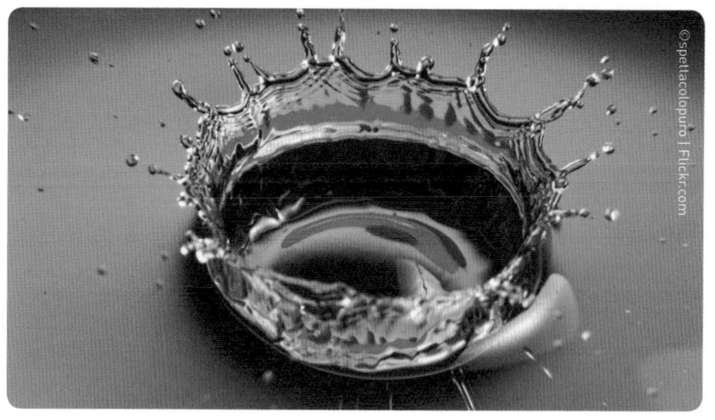

육체와 정신은 어떤 영향을 주고받을까

득력 있는 가설을 세우게 된다. 외부에서 들어온 공기는 허파를 통해 '생명의 공기'로 변하고, 생명의 공기는 뇌 안에 있는 4개의 뇌실 ventricles을 통해 '정신의 공기'로 만들어진다는 것이다. 물론 현대 뇌과학에서 보는 생각의 장기는 두뇌피질이지 뇌실이 아니다. 하지만 가슴을 생각의 장기라 생각했던 아리스토텔레스의 가설과 비교하면 상당한 혁신이었다.

로마제국 멸망 후 후퇴했던 의과학은 바롤리오Varolio와 베살리우스Vesalius 같은 르네상스 학자들을 통해 다시 발달하게 되어 생각·기억·감정 같은 인지능력이 뇌실이 아닌 두뇌피질을 통해 이루어진다는 사실이 밝혀지게 된다. 그러나 여전히 큰 미스터리가 남아 있었다. 두뇌피질은 손으로 만질 수 있는 물체인데, 생각은 만질 수도 가두어놓을 수도 없다. 어떻게 이렇게 근본적으로 다른 두 가지 존재가 서로 영향을 줄 수 있는 것일까?

철학자 데카르트는 뇌 중간에 있는 송과샘pineal gland이 육체와 영혼을 연결시키는 역할을 한다는 가설을 세웠지만, 그건 근거 없는 주장일 뿐이었다. 결국 두뇌피질을 통해 생각이 만들어진다는 확신은 있지만, 생각 그 자체가 무엇이며 육체와 정신이 어떻게 서로 영향을 주는지는 여전히 뇌과학이 풀어야 할 가장 큰 질문 중 하나로 남아 있다.

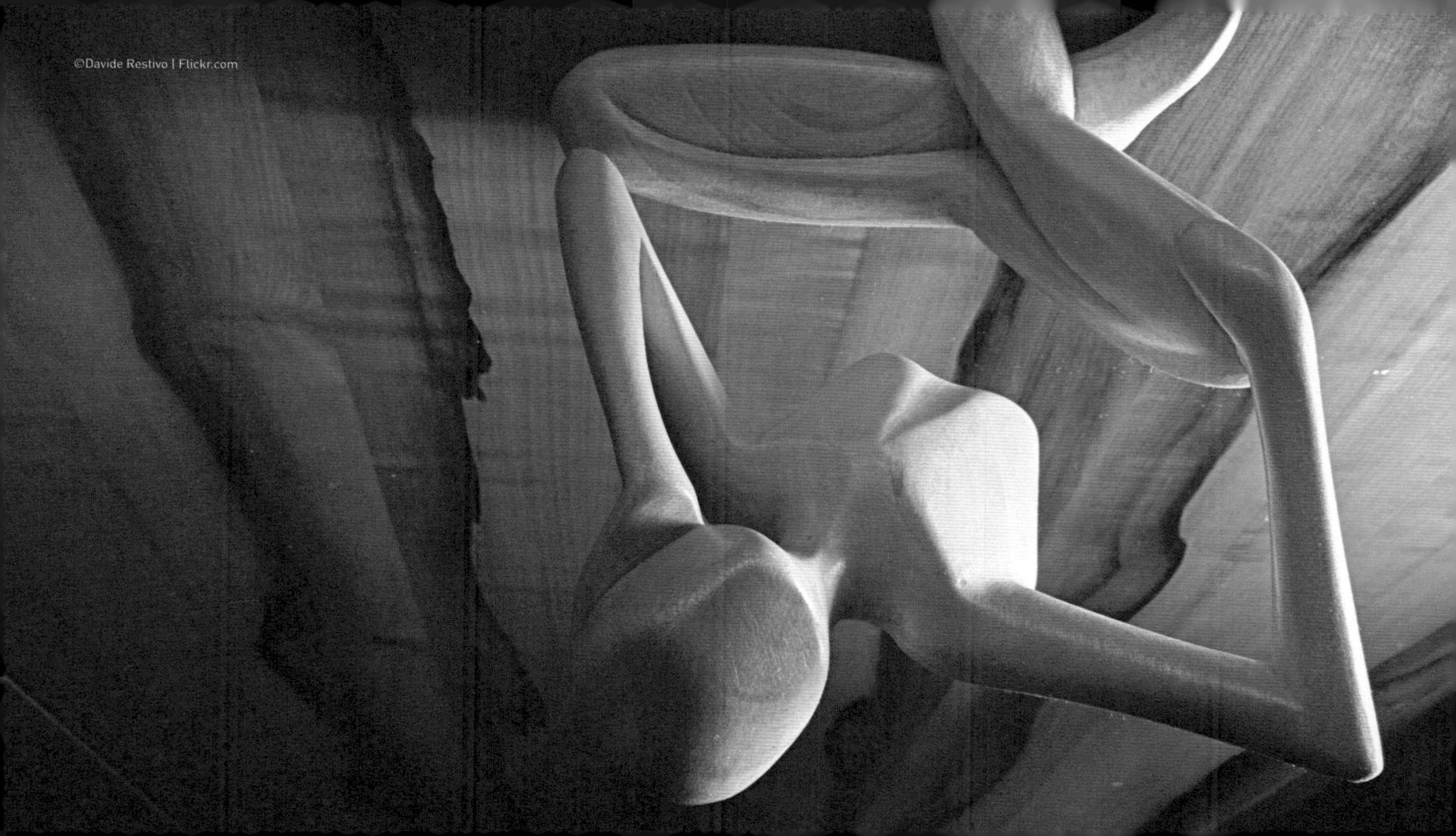

Brain Story
15

언어가
지구 지배를 위한
도구라고?

1960~1970년대에 인기를 끌었던 영화 〈혹성탈출〉 시리즈에서는 언어를 구사하는 원숭이들이 말을 할 수 없게 된 인간들을 지배하는 세상을 보여준다. 인간은 사자보다 약하고, 치타보다 느리고, 독수리처럼 날지도 못하지만 큰 뇌와 언어를 사용해 도구를 개발하고 서로 간에 협력 시스템을 만들어 지구를 지배하게 됐다. 그렇다면 여기서 질문이 생긴다.

왜 인간만 말을 할 수 있는가? 인간과 유전자가 95~99퍼센트 같은 원숭이들은 정말 언어를 구사할 수 없는 걸까?

인간만의 킬러 애플리케이션, 언어

언어는 좌뇌 측두엽temporal cortex에 자리잡고 있는 브로카Broca와 베르니케Wernicke 영역을 통해 처리된다. 브로카 영역이 망가지면 언어를 이해는 하지만 문법적으로 구성을 못 하고, 거꾸로 베르니케 영역이 손상될 경우 유창하긴 하지만 뜻과 의미가 정상적이지 않은 난센스를 말하게 된다.

뇌는 생후 10~12세까지의 결정적 시기에 경험한 언어 위주로 신경회로망들이 최적화된다고 알려져 있다. 그렇다면 만약 어린 시절에 언어를 듣지 못한다면 영원히 정상적인 언어 구사를 할 수 없다는 가설을 세울 수 있다. 결국 태어나자마자 버려져 늑대들 사이에서 자란 후 로마를 설립했다는 로물루스와 레무스 이야기는 전설일 뿐인 것이다.

호기심이 많기로 유명했던 13세기 신성로마제국의 황제 프레데릭 2세는 인간이 언어능력을 가지고 태어나는지 궁금해했다. 그는 갓 태어난 농부들의 아이를 납치해 고립된 곳에서 선천적으로 말을 못 하는 양부모가 키우게 했다. 황제는 인간의 말을 경험하지 못한 아이들이 신의 언어인 히브리어를 사용할 것이라고 생각했지만 당연히 아이들은 정상적인 언어능력 자체를 가지지 못했다.

그럼 거꾸로 인간과 가장 가까운 침팬지에게 언어를 가르쳐준다면 어떨까? 1970년대 미국 컬럼비아 대학에서 어린 침팬지 한 마리를 인간처럼 키우며 수화법을 가르쳐봤다. 말은 유일하게 인간만 할 수 있다고 주장한 20세기 최고의 언어학자 놈 촘스키Noam Chomsky의 이름을 따서 '님 침스키Nim Chimpsky'라고 불린 이 원숭이의 실험 결과는 명확했다. 님 침스키는 수화법을 통해 단순한 의미를 표현할 뿐 언어 구사의 핵심이라 할 수 있는 문법적 의미 전달은 결국 해내지 못했다.

왜 인간만 말을 할 수 있는가? 인간과 유전자가 거의 흡사한 원숭이들은 언어를 구사할 수 없는 걸까?

대부분의 뇌과학자는 인간 뇌의 회로망만 유일

하게 언어를 배우고 구성할 수 있도록 디자인돼 있다고 생각한다. 그래서 인간만이 말로 소통하고 협력하며 과학기술과 문명을 만들어낼 수 있다는 것이다. 하지만 언어라는 이 진화적 킬러 애플리케이션killer application은 인간들 사이에 오해와 불안, 불화의 씨앗 또한 될 수도 있기에 책임 있게 사용해야 하는 정말 위험한 도구라는 사실을 항상 기억해야 할 것이다.

페이스북의 '좋아요'가 신세대 '이 잡기' 놀이인 이유

인터넷에서 '여자와 대화하는 방법'이라는 동영상이 인기를 끈 적이 있다. 유명 여성 강사는 이 강연에서 여자와 남자는 근본적으로 다른 목적으로 소통하며, 남자는 정보 전달 위주로 소통하는 반면 여자는 서로 공감하는 그 자체가 소통의 핵심이라고 익살스럽게 이야기했다. 우리는 왜 서로 대화하고 소통하는 것일까?

되도록 많은 구성원의 힘을 합쳐야 인간보다 더 크고 힘이 센 동물을 사냥할 수 있기에, 소통의 중요성은 직관적으로 당연해 보인다. 하지만 인류는 어떻게 소통이란 원시시대의 킬러 애플리케이션을 만들 수 있게 된 것일까.

『이기적 유전자』로 유명한 진화생물학자 리처드 도킨스Richard Dawkins는 '확장된 표현형Extended Phenotype'이라는 이론을 기반으로 언

페이스북에 '좋아요' 버튼은 신세대 이 잡기 놀이인지도 모른다

어와 소통은 정보 전달을 통한 통제를 목적으로 한다고 주장한다. 유전자 관점에서 본다면 진화 그 자체가 유전자를 위한 통제의 발달이라 할 수 있겠다. 생존과 복제 확률을 최대화하기 위해서 유전자는 세포, 세포 사이의 덩어리, 그리고 수많은 세포 간의 집합인 몸을 만들었다는 게 도킨스 이론의 핵심이다. 세포라는 보호막을 통해 유전자는 안전하게 공간 이동을 할 수 있었고 몸을 통해 환경을 통제할 수 있었다는 것이다. 하지만 몸으로 직접 통제할 수 있는 환경은 제한적이다. 그래서 진화적으로 만들어진 게 바로 언어와 소통능력이라는 주장이다. 몸으로는 바로 옆에 있는 몇 명까지만 통제할 수 있지만, 언어를 잘 사용하면 극단적인 예로 히틀러처럼 수백만 명을 동시에 통제할 수 있다. 결국 언어는 몸의 확장이며, 인류는 확장된 표현형을 통해 지구를 지배하기 시작했다는 것이다.

그런데 정말 모든 언어와 소통이 표현을 위한 도구일 뿐일까? 진화심리학자 로빈 던바Robin Dunbar는 언어와 소통의 기원을 사회구성원 간의 공감이라고 가설한다. 집단생활을 하는 영장류는 날마다 서로 이를 잡아주는 데 불필요할 정도로 긴 시간을 쓴다. 더이상 잡을 이가 없어도 이 잡기는 대부분 계속된다. 서로 이를 잡아주는 놀이를 통해 공감하며 협력관계를 만들어낼 수 있기 때문일 것이다.

그러나 집단이 점점 커지면 문제가 생긴다. 이 잡기는 상당히 많은 시간이 드는 방법일 뿐더러 동시에 두 마리 이상과 교류하기 어려운 방법이다. 그러면 직접 손으로 이를 잡기보다는 소리를 사용하면 어떨까? 소리를 잘 조절해 언어를 구현할 수 있다면 동시에 많은 구성원과 교류하고 공감할 수 있게 된다.

인터넷 강국인 대한민국. 우리는 대부분 이메일, 페이스북, 카카오톡 같은 온라인 도구를 통해 소통한다. 페이스북에 글을 올리고 친구들이 누른 '좋아요' 버튼을 학수고대하는 우리는 어쩌면 '좋아요'라는 새로운 방식의 이 잡기 놀이를 하고 있는지도 모른다.

언어를 담당하는 브로카와 베르니케

뇌는 보통 좌우 대칭적으로 작용하는데, 그렇지 않은 대표적인 예가 언어 처리기능이다. 소리정보는 좌우 뇌를 오가면서 처리되는 반면, 언어는 좌뇌에서만 처리된다.

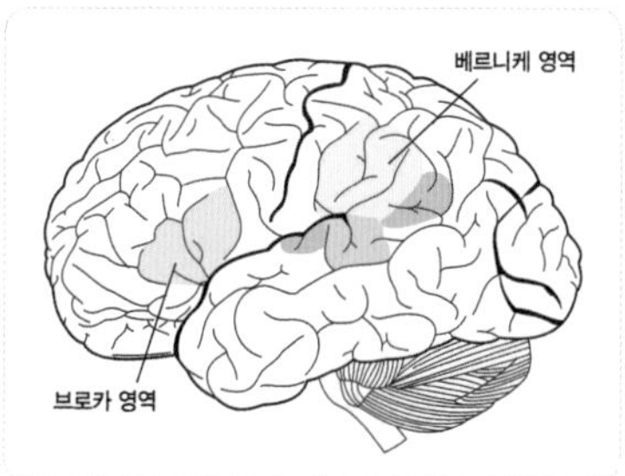

좌뇌에는 언어를 담당하는 중요한 부분으로 브로카 영역과 베르니케 영역이 있다.

브로카는 프랑스의 인류학자이며 외과의사인 브로카가 밝힌 뇌의 언어 담당 영역으로, 말을 만들어내는 역할을 한다. 유아기에 외국어를 학습하면 모국어와 같은 브로카 영역에서 처리되지만 성인이 되어 배우는 경우 두 개의 브로카 영역이 생긴다는 연구 결과도 있다. 베르니케는 폴란드 태생의 독일 해부학 및 신경병리학자인 베르니케가 언어장애에 대해 연구하다가 밝혀낸 좌반구의 영역으로, 문장 전체를 해석하고 처리하는 역할을 맡는다.

Part 04

Brain Story
16

왜 '우리'는 '그들'을 싫어하는가

왜 인간은 항상
'우리'와 '그들'을 나누려고 할까?

'그들'은
왜 늘 '우리'의 적이 될 수밖에 없을까?

2012년 대통령선거가 끝나고 재미있는 경험을 할 수 있었다. 거의 동시에 전송된 문자의 내용이 너무나 극과 극이었기 때문이다. "천만다행입니다"라는 문자가 오는가 하면, "멘붕상태, 이민 가야겠어요"라는 문자가 도착하기도 했다.

정치에 큰 관심이 없을뿐더러, 100년 후에 대한민국이 살아남으려면 정치적 구호보다 실력 중심의 철저한 준비가 더 절실하다고 생각하는 나로서는 이런 반응이 흥미로울 수밖에 없었다.

왜 인간은 항상 '우리'와 '그들'로 나누려고 할까?

'우리=유전적 동지'
'타인=유전적 경쟁자'

고대 로마공화국에서는 원로원이 보수파인 옵티마테스Optimates(벌족파)와 그라쿠스Gracchus의 개혁을 지지하는 포퓰라레스Populares(민중파)로 분열됐다. 비잔틴제국에서는 전차戰車경기의 기수騎手 제복색에서 기원한 녹색파 대 청색파, 초기 기독교에서는 삼위일체론자 대 단성론자, 산업혁명 후부터는 좌파 대 우파…… 그렇게 그들은 항상 '악'이고 우리는 항상 '선'이었다. 이러한 이분법은 결국 '그들이 죽어야만 우리가 살 수 있다'라는 논리로 끝나곤 했다.

영장류 중 하나인 인간은 대부분 사회적 집단에서 생활한다. 영장류의 집단 크기는 뇌 크기와 긴밀한 관계를 가지는데, 뇌가 클수

인간의 뇌가 같은 편으로 인식할 수 있는
다른 인간의 숫자는 정해져 있다

록 집단의 크기도 커진다는 사실을 알 수 있다. 옥스퍼드 대학교 로빈 던바 교수는 침팬지, 고릴라 같은 야생 영장류의 집단구성원 숫자와 인간의 뇌 크기(약 1.5킬로그램)를 분석해서 '야생인간'의 생물학적 집단구성원 수는 약 150명이라는 결과를 얻었다. 다시 말해 인간의 뇌가 기억하고, 관계를 가지고, 같은 편으로 인식할 수 있는 다른 인간의 숫자는 겨우 150명 안팎이라는 것이다.

사회적 동물 집단에서는 대부분의 구성원이 유전적으로 밀접한 관계를 가지고 있다. 그렇다면 원시인간 집단 역시 약 150명의 유전적 친척들로 구성됐을 것이란 가설을 세워볼 수 있다. 진화심리학에서는 유전적으로 가까울수록 더 이타적인 행동을 한다고 알려져 있다. 그래서 엄마와 아이 사이(50퍼센트 유전 공유)가 조부모와 손자 사이(25퍼센트 유전 공유)보다 가깝고, 어느 문화에서든 어머니의 어머니(외할머니)가 손자들에게 가장 많은 사랑을 베푼다.

결국 인간의 뇌 안에는 '우리=유전적 동지' '타인=유전적 경쟁자'라는 프로그램이 깊게 새겨져 있을 것이다. 그러나 우리는 이제 150명이 아닌 5000만 명과 함께 살고 있다. 수학적으로는 5000만

명 사이에서 유전적 밀접도란 의미 없는 개념이다. 하지만 뇌는 여전히 원시시대에 사는 듯 끝없이 외모, 행동, 취향 등을 통해 서로를 구별하고 유전적 밀접도를 추론해내려 한다.

시간과 자원이 한정된 세상에서 5000만 명이 공동체를 만든다면 확률적으로 당연히 서로 다른 선호도를 가지게 된다. 우리와 다른 선호도를 가진 사람들과 논리적으로 경쟁하려면, 우리는 먼저 나와 다른 사람은 유전적 경쟁자이므로 존재해서는 안 된다는 원시시대적인 뇌에 '불복종'할 필요가 있다.

에니그마, 뇌, 그리고 동성애

뇌의 편가르기가 낳은 안타까운 사건이 하나 있다. 1944년 6월 6일, 연합군 병력 총 100만 명이 투입된 프랑스 노르망디 상륙작전이 시작된다. 험악한 날씨로 유명한 영국 해협을 건너 수많은 독일군이 지키고 있는 해변에 상륙한다는 '오버로드 작전'. 정말 위험천만한 계획이었다. 하지만 상륙작전을 계획했던 아이젠하워 사령관과 몽고메리 장군은 아무도 모르는 비밀 하나를 알고 있었기에 이 무모한 작전을 실행할 수 있었다. 바로 독일군이 노르망디가 아닌 영국과 더 가까운 칼레에서 연합군 상륙을 기다리고 있다는 사실이었다.

비밀 유지는 전쟁의 성공과 실패를 좌우한다. 제2차 세계대전 당시 독일군은 세계 최고의 암호 기술을 가지고 있었다. '에니그마Enigma'라는 암호기는 실질적으로 판독하기 불가능해 보였다. 무려 158×1018의 조합이 가능한 방법으로 메시지를 암호화할 수 있기 때문이다. 하지만 에니그마의 비밀은 밝혀졌고, 노르망디 상륙 당시 연합군은 독일군의 위치를 정확히 파악할 수 있었다. 이 '불가능한' 일을 누가 해낸 것일까? 바로 영국 수학자 앨런 튜링이었다. 에니그마의 기본 암호구조는 레예프스키, 로진키, 지갈스키 같은 폴란드 수학자들을 통해 제2차 세계대전 전 판독됐다. 문제는 실질적 판독을 위한 천문학적 계산량이었다. 하지만 튜링은 콜로서스Colossus라는 세계 최초의 컴퓨터를 개발해 에니그마의 메시지를 판독하는 데 성공한다.

앨런 튜링이 판독하는 데 결정적 역할을 했던 '에니그마'

에니그마의 판독이 없었다면 노르망디 상륙작전은 불가능했을 것이다. 노르망디 상륙작전이 성공하지 못했다면 어쩌면 제2차 세계대전은 독일의 승리로 끝났을 수 있다. 로버트 해리스의 대체 역사소설 『당신들의 조국』에 그려진 것처럼 말이다. 연합군이 승리하지 못했다면 우리는 여전히 '대일본제국'의 2등 시민으로 일왕을 섬기고 아베 신조 총리 밑에서 살고 있을지도 모른다.

하지만 독일과 일본의 세계 정복 망상에서 우리를 구해준 튜링의 삶은 비극적이었다. 당시까지 영국에서 불법이었던 동성애자였던 튜링은 제2차 세계대전 후 체포되어 화학적 거세를 당한다. 미국 입국이 금지되고 더이상 국가 안보 프로젝트에 참여할 수 없게 된 튜링은 1954년 자살을 선택하고 만다.

2013년 12월 영국 왕실의 특별 지시로 튜링은 사후 사면됐다. 체포된 지 60년 만이다. 튜링의 삶과 업적은 우리에게 중요한 질문을 하나 던진다. 이성이 아닌 동성을 사랑하는 남녀, 소고기가 아닌 돼지고기를 좋아하는 유대인, 모든 사람이 다 대학에 진학할 필요는 없다고 생각하는 고등학생…… 왜 우리는 모든 사람은 꼭 나처럼 살아야 하며, 그렇게 살기를 거부하는 사람은 차별과 원망의 대상이 돼야 한다고 생각하는 것일까? 왜 인간의 뇌는 독립적인 개인으로 구성된 성숙한 사회가 아닌 외모나 사상적으로 동일한 클론clone과 함께 살고 싶어하는 것일까?

민주주의의 걸림돌이 바로 '뇌'?

1832년 파리의 6월 봉기를 배경으로 한 영화 〈레미제라블〉을 볼 기회가 있었다. 뮤지컬을 영화로 만드는 어려움을 잘 극복했고 탄탄한 스토리와 배우들의 멋진 노래가 감동적이었다. 영화는 여러 생각을 하게 만들었다. 프랑스는 1789년, 1830년, 1832년, 1848년,

1871년 등 수많은 혁명과 반란을 거듭하며 공화국과 민주주의를 얻을 수 있었다. 대한민국의 민주화 역시 절대로 쉽지 않게 얻은 결과물이다. 무엇이 그렇게 어려웠던 걸까?

자유민주주의는 어떻게 보면 지극히 상식적이고 당연한 것들을 추구한다. 한 개인이나 특정 단체의 독재를 막으며, 과반수의 의견을 비폭력적으로 실행하되, 소수의 자유와 권리를 지켜준다. 그리고 독립적이고 전문성 있는 사회적 토론을 통해 주기적으로 새로운 리더를 선출하고 검증한다. 인류 역사상 수많은 사회적 시스템이 제안되고 시도됐지만, 그 어느 왕조 · 독재 · 공산주의 · 파시스트 · 제국주의 · 종교주의 사회보다 개인의 자유를 지켜주는 민주주의가 가장 평화로우면서도 가장 잘 사는 나라를 만들어준다.

말리, 아프가니스탄을 스웨덴, 덴마크와 비교해보면 답은 간단하다. 정치가 과학이고 수학이라면 더는 토론이 필요 없을 듯하다. 하지만 정치의 기초는 인간이고, 인간에게 민주주의는 한없이 힘들다. 인간의 뇌는 여전히 원시시대에 머물러 있기때문이다. 우리는 항상 우리를 강하게 이끄는 '알파형 리더'를 동경한다. 그래서 원숭이에겐 '알파 원숭이'가 있고, 바다사자 무리 중 가장 크고 힘이 센 수컷은 모든 부와 암컷을 차지하는 독재적 권력을 가진다. 그리고 이런 알파 권력을 위한 수컷들 사이의 끝없는 폭력과 싸움의 가장 큰 희생자는 대부분 힘없는 암컷과 어린 새끼 들이다.

미국 사회심리학자 무자퍼 셰리프Muzafer Sherif가 진행한 실험을 보자. 그는 여름 캠프에 참여한 남자아이들을 무작위로 나누고 서

인간의 뇌는 마치 양파 같은 구조를 갖고 있다. 새로운 뇌 구조가 예전 구조를 덮어씌우면서 진화한 것이다

로 경쟁하게 했다. 얼마 후 자연스럽게 두목 역할을 하는 알파 리더가 생겼고, 그룹 간엔 수많은 근거 없는 편견과 의혹이 생기며 분쟁과 싸움이 시작됐다. 결국 비과학적이고 반민주적인 '지역감정'과 '내 편 보살피기'는 인간 뇌에 프로그램돼 있다는 사실을 알 수 있는 실험이다.

그런가 하면 역시 미국의 사회심리학자인 스탠리 밀그램Stanley Milgram은 평범한 시민들에게 권력자의 명령 아래 타인을 전기로 고문하게 하는 실험을 진행했다. 물론 가짜 고문이었지만 피험자들은 진짜라고 믿었다. 그들은 고문받는 사람의 비명을 들으며 괴로

워했지만 대부분은 권력의 명령이라고 정당화하며 고문을 멈추지 않았다.

뇌는 비논리적이고 그룹 이기주의로 가득찼지만 민주주의는 개인에게 현명함과 타인에 대한 인내심과 배려를 요구한다. 그래서 민주주의는 그렇게 어렵고 우리의 지속적인 노력이 필수적인 것이다.

: 고대 그리스 아테네. 왕과 독재자를 몰아낸 시민들은 고민에 빠진다. 다양한 선호도, 믿음, 능력을 가진 사람들이 다 함께 평화롭

게 사는 사회는 과연 가능할까? 아테네의 정치가 클레이스테네스Cleisthenes는 'Isonomia', 그러니까 '법nomos 앞의 평등iso'이 답이라고 생각했다. 부유하든 가난하든, 귀족이든 농부든 동일한 법을 지켜야 한다면, 모두가 평화롭게 사는 사회가 가능하다는 말이다.

그런데 모두가 지켜야 할 법이라는 것은 도대체 어떻게 만들어질까? 클레이스테네스의 답은 간단했다. 가장 공평한 법은 '랜덤화'를 통해 가능하다는 것이었다. 결국 아테네 시민들은 혈통, 전통, 가족관계와는 무관한 선거구deme로 나눠지고, 나라의 모든 결정은 과반수 선거구의 표를 얻어야 통과될 수 있었다. 선거구의 통지, 고로 민주주의 시작이었다.

인간의 뇌는 마치 양파 같은 구조를 가지고 있다. 새로운 뇌 구조가 예전 구조를 덮어씌우며 진화했으니 말이다. 뇌 아래에 자리잡은 오래된 신경회로망의 구조는 특성화돼 있어 대부분 한 가지 임무만 수행할 수 있다. 변화와 발전이 불가능하다는 말이다. 반면 최근에 만들어진 신피질 신경회로망 구조는 놀라울 정도로 통일화돼 있지만, 경험을 기반으로 한 학습과 업그레이드를 통해 변하는 세상이 요구하는 새로운 임무를 수행할 수 있는 핵심적 장점을 가지고 있다.

"추상적이고 비현실적이며 비효율적이다."

민주주의가 자주 듣는 비판이다. 사실 민주주의는 결코 완벽하지 않다. 대중을 달콤한 말로 유혹하는 포퓰리즘에 쉽게 빠지고, 최근 러시아에서 보듯 부와 권력을 장악한 과두정치Oligarchy로도 변신

할 수 있다. 하지만 민주주의는 다른 어떤 시스템도 갖지 못한 본질적 경쟁력을 가지고 있다. 바로 경험을 통해 학습하고, 꾸준히 업그레이드할 수 있다는 점이다. 마치 신피질 신경회로망처럼 말이다.

Brain Story 17

무엇이 우리의 행동을 좌우하는가

homas Geiregger | Flickr.com

이스라엘 사해 근처 사막 한가운데서 1946년부터 1956년까지 놀라운 유물들이 발굴된다. 바로 '쿰란' 지역 동굴 열한 곳에서 발견된 그 유명한 '사해 문서' 또는 '쿰란 사본' 들이다. 로마 군사들을 피해 사막 한가운데 동굴에 숨어 살던 극단 유대교 '에세네파' 단원들이 작성한 것으로 알려진 이 972개의 두루마리는 여러 관점에서 매우 흥미롭다.

우선 발굴된 문서 중 히브리어 성경들은 가장 오래된 사본이다. 더구나 성경책에 포함되지 않은 이단적 문서들이 포함되어 있어 역사적·종교적으로 대단한 가치가 있다. 그중 쿰란 제1동굴에서 발견된 '전쟁 두루마리'가 특히 흥미롭다. 기원후 100년에서 150년경 작성된 것으로 추정되는 이 문서들은 세상 종말에 있을 '빛의 아들

쿰란 제1동굴에서 발견된 '전쟁 두루마리'

들'과 '어둠의 아들들' 간의 전쟁을 예언한다. 자신들을 '빛의 아들'로 부르던 에세네파와 침략자 로마 군사 간의 전쟁을 말하려 했던 것으로 보인다. '빛은 덕이고 진실이며, 어둠은 악이고 거짓이다'라는 말일 텐데 여기서 우리는 재미있는 질문을 할 수 있다.

왜 인간에게 항상 빛은 좋고 어둠은 나쁜 것일까?

여전히 인간의 행동을 좌우하는 빛과 어둠

인간을 포함한 모든 영장류는 약 650만 년에서 850만 년 전쯤 살았던 공통 조상을 가지고 있다고 알려져 있다. 큰 다람쥐 사이즈로 나무에 숨어 열매와 곤충을 먹으며 살았던 우리 '조상님'들에게 세상은 위험 그 자체였다. 가지 사이에는 독사가 살았고, 나무에서 내려오면 매서운 육식동물의 먹잇감이 되기 십상이었다. 발달된 눈과 손을 가졌던 것으로 추정되는 이 조상 동물들에게는 위험을 피해가는 능력이 생존의 핵심이었을 것이다.

유전적 변화 그리고 자연의 선택을 통한 진화과정을 통해 결국 뇌는 생존을 위협할 수 있는 동물을 알아보고 피하려는 신경망적 구조를 만들게 된다. 하드웨어적 구조로 구성되어 있는 이런 지식들은 경험과 학습이 필요 없다. 덕분에 수백만 년이 지난 오늘까지도 아기들은 본능적으로 뱀과 거미를 무서워하지만 막상 현대사회에서 더 위협적인 요소인 자동차와 총은 무서워하지 않는다.

대부분 시각을 통해 세상을 인지하는 영장류에게
빛은 '안전'이고 어둠은 '위험'이다

독사를 알아보고 피하는 기술은 물론 중요하다. 하지만 독사를 정확하게 알아보고 피해가려고 하면 이미 늦었을 수도 있다. 그렇다면 차라리 육식동물이나 독사가 나타날 만한 환경 그 자체를 미리 피해가는 게 더 현명하지 않을까. 결국 영장류의 뇌에는 특정 상황과 환경을 회피하려는 본능이 만들어지게 됐을 것이라는 이야기다. 특히 어둠은 위험하다. 대부분 시각을 통해 세상을 인지하는 영장류에게 빛은 '안전'이고 어둠은 '위험'이다. 안전은 좋고 위험은 싫다. 좋은 것은 덕이고 싫은 것은 악이다. 사막 한가운데 동굴에 숨어 빛과 어둠의 전쟁을 예언했던 에세네파 신자들의 뇌 안에서 어쩌면 우리는 수백만 년 전 생존을 위해 몸부림친 조상 동물들의 흔적을 보고 있는지도 모른다.

우리 머리 바깥의 벽,
그리고 머리 안의 벽

어느 날 갑자기 나타나 이유 없이 인간을 잡아먹는 거인들을 피하기 위해, 살아남은 사람들은 높은 벽을 짓고 100년 동안 숨어 산다. 바다에서 나타난 외계 괴물들을 막기 위해 인간은 전 세계 해변을 거대한 벽으로 둘러쌓기 시작한다. 신종 전염병에 걸려 식인 좀비로 변한 인간들을, 건강한 사람들은 높은 벽으로 막으려 한다.

한동안 주목받은 일본 만화 〈진격의 거인〉, 그리고 할리우드 영화 〈퍼시픽 림〉과 〈월드 워 Z〉의 스토리들이다. 구체적인 내용과 배경은 다르지만 하나의 교집합이 있다. 바로 인간이 두려워하는 그 무언가를 막기 위해 높은 벽을 쌓는다는 내용이다. 문제 그 자체를 해결할 능력이나 의지가 없기에 벽을 쌓고 문제를 외면한다는 것이다. 우리 뇌는 보이지 않으면 존재하지 않는다고 스스로에게 최면을 걸 수 있기 때문이다.

대부분의 벽이 외면하고 싶은 외부의 무언가를 막기 위해 만들어지는 반면, 나 자신이 더이상 밖으로 나갈 필요가 없음을 보여주려는 벽도 있다. 로마제국의 열네번째 황제 하드리아누스가 지은 '하드리아누스의 방벽'이 그렇다. 기원후 117년 그가 황제로 취임할 당시 로마제국은 그야말로 알려진 전 세상을 지배하고 있었다. 스코틀랜드에서 예루살렘까지, 그리고 북아프리카에서 오스트리아까지 오늘날 유럽·중동·북아프리카 대부분 국가가 로마라는 한 나라의 통치 아래 살고 있었다. 하지만 로마가 정말 영원히 팽창할 수 있을까? 하드리아누스의 생각은 달랐다. 그는 취임하자마자 선대 황제 트라야누스가 정복한 다키아(오늘의 루마니아)를 포기하고 다누베 강변과 북北영국에 거대한 성벽을 쌓기 시작한다. 로마는 이미 모든 걸 가지고 있기에 더이상 나가봐야 얻을 게 없다고 생각했다.

'벽'은 인류에게 항상 두 가지 의미를 갖는다. 피하고 싶은 외부의 무언가를 외면하거나 더이상 나갈 필요가 없다고 생각할 때 우리는 벽을 쌓는다. 벽은 우리 머리 안에도 존재한다. 인정하고 싶지 않은 현실이 있으면 마음의 벽을 쌓아 외면하고, 이미 나는 모든 것을 다 가졌다는 오만에 새로운 것을 받아들이지 않는다.

전 세계 모든 역사학자가 검증한 '성 노예'의 존재를 외면하고, 생체 실험 부대 이름인 '731'이 적힌 비행기를 타고 웃으며 엄지손가락을 세운 아베 총리, 그리고 나치 독일의 헌법 쿠데타 방법을 배우자는 아소 부총리…… 만약 메르켈 독일 총리가 유대인 수용소의 존재를 부인하고 'Mengele(요제프 멩겔레Josef Mengele는 유대인 수용소에서 생체 실험을 수행한 나치 의사다)'라고 적힌 비행기에 올라타 엄지손가락을 세운다면 어떨까? 상상할 수도 없는 일이다. 어쩌면 지금 일본 정치인들 뇌에는 외면과 오만이라는 두 가지 벽이 동시에 존재하는지도 모른다. 하지만 모든 벽에는 또하나의 공통점이 있다. 아무리 거대하고 단단한 벽도 결국 언젠가는 무너진다는 사실이다.

©Ángelo González | Flickr.com

'벽'은 인류에게 항상 두 가지 의미를 갖는다. 피하고 싶은 외부의 무언가를 외면하거나 더이상 나갈 필요가 없다고 생각할 때 우리는 벽을 쌓는다. 하지만 아무리 거대하고 단단한 벽도 언젠가는 무너지고, 누군가는 그 벽을 넘는다

행동이 정말 최고일까

세상을 바라보고 과거를 기억하는 우리는 단순히 거기서 그치는 게 아니다. 우리는 우리가 지금 세상을 보고 있고 과거를 기억한다는 사실 역시 인식한다. 더구나 세상을 보는 순간 우리는 '감각질(또는 퀄리어qualia)'이라는 걸 경험한다. 빨간 장미를 볼 때 눈앞에 보이고 느껴지는 장미의 '빨강'을 느끼는 바로 그 느낌 말이다. 하지만 퀄리어는 나 자신만 느낄 수 있다. 동물들 그리고 다른 사람들 역시 퀄리어를 느끼는지 우리는 느낄 수 없다. 물론 두개골을 열어 뇌를 관찰하면 빨간 장미를 바라볼 때 신경세포들의 반응을 측정할 수 있다. 하지만 신경세포들의 반응은 생화학적 반응에 불과하다. 신경세포들에는 퀄리어가 없기 때문이다. 그렇다면 개개인의 내면적 세상에서만 느낄 수 있는 정신, 믿음, 선호도, 기억, 사랑에 대해 이야기하는 것 자체가 의미 있을까? 만약 우리 내면의 세상을 어차피 이 세상 그 누구에게도 표현할 수 없다면 그런 것들은 객관적 차원에서는 존재하지 않는다고 해야 하지 않을까?

그래서 심리학자 버러스 스키너Burrhus Skinner는 인간의 핵심은 행동이라고 정의했다. 어차피 생각과 정신의 세상을 관찰할 수 없다면 우리가 서로 관찰하고 평가할 수 있는 요소는 행동뿐이다. 거꾸로 보자면, 행동 그 자체를 바꿀 수 있다면 우리는 더이상 개개인의 내면적 세상에 관심을 가질 필요가 없다는 말이다. 파블로프, 왓슨 그리고 스키너 같은 행동주의 학자는 다양한 학습방법을 통해 동물과 인간의 행동을 바꾸어보려 노력했다. 특히 스키너는 '조작적 조건화'를 통해 원하는 행동을 매우 효율적으로 유도하는 방법을 개발하는 데 성공한다. 빈 상자(추후에 '스키너 상자'라고 불리게 될) 안에 배고픈 동물을 넣는다. 동물이 우연히 실험자가 원하는 행동을 할 경우 먹이를 준다. 실험동물은 처음엔 자신의 행동과 먹이의 상관관계를 이해하지 못하지만 반복된 과정을 통해 상관관계를 이해하고, 먹이를 얻기 위해 점차 실험자가 원하는 행동을 하게 된다. 동물만이 아니다. 인간 역시 어릴 때부터 진행된 끝없는 조작적 조건화 과정을 통해 사회가 원하는 성인으로 만들어진다는 게 행동주의자들의 주장이다.

스키너의 행동주의는 더이상 과학 세상에서는 인정받지 못하는 구시대적 이론이다. 인지심리학과 현대 뇌과학은 행동을 빙산의 일각뿐이라고 생각한다. 눈에 보이는 행동을 좌우하는 것은 조상으로부터 물려받은 유전자 그리고 뇌라는 내면적 세상에서 만들어지는 기억, 선호도, 희망, 증오 그리고 사랑이라고 보기 때문이다.

Brain Story
18

우리는 좀
우울해질 필요가
있다?

북한이 3차 핵실험을 진행한 직후의 일이다. 대한민국의 핵심 시설과 기관이 모두 모여 있는 서울에 만의 하나 핵폭탄이 터진다면 수십만, 아니 수백만 명의 인명 피해는 물론이고, 국가로서 기능 자체를 잃을 수 있다는 걱정에 주변 사람들에게 연락하기 시작했다. 그런데 놀랍게도 대부분 무관심하거나 어쩔 수 없는 상황으로 받아들이는 분위기였다.

"김박사는 한국에서 오래 살지 않아 그래. 여기서 좀 살다보면 금방 적응될 거야."

무엇에 적응하라는 걸까. 그리고 왜 어차피 우리가 할 수 있는 일은 없다고 하는 걸까.

'아무 일도 없을 것'이라는 막연한 긍정은 위험하다

2010년 말, 연평도 포격사건 때의 일이다. 다른 나라 영토에 포격한다는 믿을 수 없는 사건이 벌어지고 나서 이스라엘 친구로부터 전화가 왔다. 그는 자기들의 국방·외교정책의 핵심이 '한국같이 되지 말자'는 것이라고 했다. 2006년 제2차 레바논전쟁 때 이스라엘도 비슷한 상황에 놓였다. 장거리 미사일 요격 위주인 미국 무기로 무장한 이스라엘 방어군IDF은 불과 수십 킬로미터 근방에서 날아오는 헤즈볼라의 소형 로켓 포탄들을 막을 수 없었다. '이스라엘의

MIT'라고 불리는 테크니온 대학을 포함한 북이스라엘 도시와 시설들이 전략적 인질이 될 수 있는 상황이었다. 말로만 항의하고 곧바로 자포자기하는 우리와는 달리, 이스라엘은 '아이언 돔Iron Dome'이라는 근거리 방어 시스템 개발에 들어갔고 불과 5년 만에 이를 성공적으로 완성했다. 아이언 돔은 2012년 11월 가자 지역에서 발사한 소형 카투사 로켓 포탄을 90퍼센트 이상 막아내는 능력을 보여주었다.

아이언 돔은 동시에 포탄 수십 개를 추적하고 요격할 수 있지만, 북한은 장사정포 수천 개를 가지고 있다. 대한민국이 개발해야 할 '아이언 돔'은 그만큼 더 어려울 것이다. 하지만 이스라엘 사람들은 이렇게 말한다. 수백만 명이 동시에 통화하고, '말춤'을 추는 가수의 동영상을 실시간으로 손바닥 안에서 볼 수 있게 해주는 기계와 인프라를 만들 수 있는 나라가, 정작 자기들의 가족과 재산을 지켜줄 방어 시스템 하나 제대로 만들지 못한다는 것은 문제가 있다고.

우리나라의 문제는 과학도, 기술도, 돈도 아니다. 아무 일도 없을 것이란 막연한 착각과 적응에서 오는 자포자기가 문제다. 바다달팽이 군소Aplysia Californica는 수관에 자극을 받으면 아가미를 움츠리는 자연적 반응을 보이지만, 아가미를 계속 자극하면 어느 순간부터 자극에 무관심해지는 적응 효과를 보여준다. 미국 컬럼비아 대학의 에릭 캔들Eric Kandel 교수는 적응을 포함한 다양한 학습과정의 신경분자생물학적 원리를 연구해 2000년 노벨 생리의학상을 탔다. 적응이란 그만큼 원초적이고 그렇기 때문에 더욱더 무섭다. 하지만 무척추동물과는 비교할 수도 없을 만큼 발달한 대뇌피질을 가진 우리가 바다달팽이와 비슷한 적응과 무기력에서 벗어나지 못한다는 사실은 이해하기 어렵다.

그리고 '근거 없는 낙관'은 더욱 위험하다

영국 런던대 레이먼드 돌란Raymond Dolan 교수의 강연을 들을 기회가 있었다. 돌란 교수는 사회뇌과학의 대가로 400편이 넘는 논문을 발표했는데, 재치 있는 명강연으로 많은 사람의 시선을 사로잡을 만한 멋진 학자였다. 그는 강연에서 인간의 동기에 대한 다양한 연구 결과를 소개했는데, 그중 한 결과가 특히 인상적이었다.

대부분 사람은 객관적 확률보다 자신의 상황을 더 낙관적으로 전망하는 경향이 있다. '긍정적 편향optimism bias'이라 불리는 이런 인지 성향은 오래전부터 잘 알려져왔는데, 때문에 사람들은 확률적으로는 도저히 가망 없는 복권이나 도박에 희망을 걸기도 한다. 특히 여기에 '우수성 편향superiority bias'이 추가되면 사람들은 자신의 능력과 행운을 통계학적으로 불가능한 수준으로 과대평가하게 된다. 예를 들어 90퍼센트 이상의 운전자들은 자신이 평균 이상으로 운전을 잘한다고 믿는다. 그런가 하면 대학교수의 70퍼센트가량은 자신이 상위 25퍼센트 수준의 강의를 한다고 생각한다.

이런 연구를 기반으로 돌란 교수는 재미있는 결과를 얻을 수 있었다. 우선 fMRI와 심리적 검사를 통해 정상인들이 기대했던 수준의 긍정적 편향을 가지고 있다는 걸 보여준 후, 우울증 환자들과 노인들을 대상으로 동일한 실험을 진행했다. 결과는 뜻밖이었다. 인생을 더 비관적으로 볼 것이라는 예상과는 달리 나이를 먹을수록 더 높은 수준의 긍정적 편향을 보여줬다. 그런가 하면 실패를 두려워하고 무기력한 우울증 환자들은 객관적 확률을 가장 잘 예상한다는 결과를 얻었다.

긍정적 편향은 어디서 오는 것일까? 사실 인생은 성공할 확률보다 실패할 확률이 압도적으로 높다. 아무리 성공한 정치인이나 최고경영자라고 하더라도 죽고 난 이후에는 모두 한줌의 재가 될 뿐이다. 이런 사실을 '알게 된' 뇌는 딜레에 빠진다.

'뼈빠지게 고생한들 성공할 확률도 거의 없고 나중에 죽는 건 다 똑같다면, 차라리 아무 일도 안 하는 게 가장 현명하지 않을까?'

물론 위험한 생각이다. 그 누구도 생각을 행동으로 실행하고 무모한 도전을 하지 않는다면 사회는 살아남지도, 발전하지도 못할 것이다. 그래서 이런 위험한 생각을 막기 위해 객관적 확률보다 더 긍정적인 판단을 내리도록 뇌가 진화했다는 게 돌란 교수의 가설이다.

Brain Story
19

집착은 어디서,
어떻게 오는가

2012년 여름 학회 참석차 영국에 갔을 때 우연히도 삼성과 애플의 특허논쟁이 영국 한 법정에서 다루어지고 있었다. 자신들의 디자인 특허가 침해됐다며 제기한 애플의 소송은 결국 기각됐지만 영국 판사의 기각 이유가 가관이었다.

삼성 제품은 애플 제품만큼 '쿨'하지 않기 때문에 모방이라고 볼 수 없다는 것이었다. 외국에 나가면 누구나 애국자가 된다는 이야기가 맞는지, 그 소식을 들은 후 무척이나 화나고 불쾌했다. 하지만 불편한 진실도 받아들여야 할 때가 있다. 기술력으로 보면 더이상 그 누구에게도 뒤지지 않겠지만 우리나라의 제품들이 솔직히 대부분 '쿨'하지는 않다. 아니, 더 나아가 대한민국이 그다지 쿨한 나라는 아니다.

왜 우리는 '쿨'하지 못한 걸까

쿨이란 무엇일까? 아마도 집착의 반대말이 아닐까 싶다. 인간의 뇌는 동시에 수많은 정보를 받아들이고 실시간으로 최적화된 결론을 내리며 행동하고 반응한다. 그러기 위해서는 적절한 수준의 선택적 주의집중이 필수다. 예를 들어 시야 중심에 있는 얼굴에 집중하다가도 주변에 새로운 물체가 나타나면 주의를 새로운 물체로 돌려야 한다. 생각도 비슷하다. 너무 관습적으로 같은 생각에서 벗어나지 못하면 최적화된 방법을 찾지 못할 확률이 높다.

영국이 추구하는 국가 이미지는 '쿨한 나라'다

뇌가 풀어야 할 문제를 에베레스트 산 정복에 비유해보자. 수많은 계곡과 산을 넘어야 할 뇌가 한 가지 특정 정보나 목표에만 집착한다면, 마치 작은 계곡에 빠져 갇혀버리듯 원했던 큰 문제를 풀 수 없게 될 것이다.

강박신경증 환자들은 정리와 정돈에 집착하고, 자폐증 어린아이들은 특정 물건에 집착하는 경우가 많다. 생각과 행동이 유연하지 못하면 집착하게 되고, 집착에서 오는 생각과 행동은 쿨하지 못하다. 영국이 추구하는 국가 이미지는 '쿨한 나라Cool Britannia'다. 어떻게 보면 그들에겐 쉬운 일일 수도 있다. '대영제국'으로 이미 한 번 세상을 정복해보았다는 자신감에서 오는 여유가 있을 것이다. 그래서 영국 음식이 맛없다고 가장 많이 떠들고 다니는 사람들은 바로 영국인 자신들이다. 세상을 지배했는데 식탁에 올라온 피시앤칩스 맛이 좀 엉망이면 어떤가? 하지만 만약 국내에 거주하는 외국인이 김치는 맛없고 냄새나는 음식이라고 신문에 쓴다면 엄청난 비난을 감수해야 할 수도 있다.

큰 것에 자신이 없기에 우리는 작은 것들에 자존심을 거는지도 모른다. 그래서 우리는 (백인) 외국인들의 칭찬에 집착했고, 대부분 정책토론에서는 "선진국에서 이미 그렇게 하더라" 하면 더이상 할 말을 잃었었는지도 모른다.

민주화와 산업화라는 정말 어렵고 큰 과제를 우리 손으로 해낸 우리는 이젠 더이상 작은 것엔 집착하지 않아도 되는 쿨한 대한민국이 되어도 좋지 않을까.

인물을 숭배하려는 우리들의 뇌

어찌 보면 잡스 열풍도 일종의 집착인지 모르겠다. 많은 사람이 몇 년 전 암으로 세상을 떠난 스티브 잡스를 추모하고 있다. 물론 그의 업적은 뛰어나다. 평범한 개인도 소유할 수 있는 소형 컴퓨터 개발을 도왔으며, 스마트폰의 대중화를 가능하게 했다. 하지만 스티브 잡스 자서전이 베스트셀러가 되고, 그의 말이 마치 사이비 종교 교주의 설교처럼 받아들여지며, 성장 배경이 그와는 너무나도 다른 우리나라 청소년들에게 '잡스 닮기'를 요구하는 이유는 과연 무엇일까?

그의 업적 덕분만은 아닐 것이다. 21세기 삶을 혁신시킨 IT의 진정한 '영웅'들은 따로 있기 때문이다. 그러나 인터넷을 가능하게 한 TCP/IP 통신 프로토콜을 발명한 많은 공학자의 이름을 아는 사람이 얼마나 될까? 또 유럽입자물리연구소CERN에서 근무하던 중 월드와이드웹World Wide Web을 처음 제시한 팀 버너스리Tim Berners Lee의 인생이 만화책으로 그려질 가능성은 거의 없을 것이다.

스티브 잡스를 모범으로 삼으라는 말의 의미는 과연 무엇일까. 동업자 스티브 워즈니악Steve Wozniak이 만든 회로를 아타리Atari에 팔아 5000달러를 받은 후 700달러를 받았다고 속여 정작 워즈니악에겐 350달러만 준 것을 본받으라는 말인가. 아니면 여자친구 크리스앤과의 사이에서 낳은 자신의 딸이 친자가 아니라며 법정 소송까지 벌인 걸 모방하란 말인가. 인생이란 자신이 원하는 것을 하며 사는 게 정답이라 말하면서도 막상 애플 직원이 잡스의 명령이 아닌 자신의 의견대로 행동하는 순간 쫓아낸 이중인격적 철학을 대한민국 젊은이들이 본받아야 할까.

물론 이 세상에 완벽한 인간은 없다. 모든 인간에겐 밝은 면과 어두운 면이 공존하기 때문이다. 특히 혁신을 리드하고 뛰어난 업적을 남기며 동시에 인간적으로 완벽하기란 더욱더 불가능하다. 세종대왕, 로마황제였던 철학자 마르쿠스 아우렐리우스, 그리고 첫 다

문화 제국을 완성하여 수많은 민족을 해방시킨 아케메니드 페르시아 왕조의 키루스 2세. 그들에게도 분명히 역사가 남기지 않은 어두운 면이 많았을 것이다.

그렇다면 결론은 간단하다. 완벽한 영웅적 인물은 존재하지 않으며, 그런 인물을 기대해서도 안 된다. 사회와 기업이 진정으로 필요로 하는 것은, 완벽하지 않은 인물들도 최대의 결과물을 낼 수 있는 구조적 혁신 시스템이다. 하지만 여기서 문제가 생긴다. 뇌에 얼굴과 인물을 인식하는 특정 영역(FFA)이 존재하기 때문이다. 그렇기에 우리는 풀어야 할 문제가 생기면 언제나 '무엇' 또는 '어떤' 구조적 해결책보다 본능적으로 '누구'라는 인물을 찾으려 한다. 뇌에는 인물을 숭배하려는 성향이 있는 것이다.

우리가 닮아야 할 대상은 현실에 존재하지도 않던 '가상 영웅'이

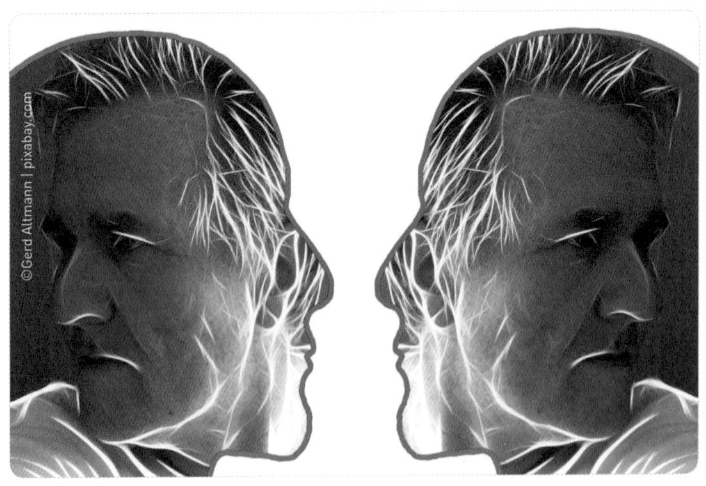

뇌에는 FFA라는 얼굴을 인식하는 특별 영역이 존재한다

아니다. 우리가 닮아야 할 것은 잡스같이 수많은 허점과 단점을 가진 이도 자신의 특성과 창의성을 표현할 수 있었던 사회 · 경제 · 그리고 문화적 구조인 것이다.

문제는, 풀어야 풀린다

몇 년 전, 우리나라에서 처음 연구 과제를 신청하며 경험했던 일이다. 시각뇌를 연구하는 나로서는 당연히 '시각뇌 이해' 같은 주제로 과제를 신청할 예정이었다. 그런데 우리나라 연구 시스템을 잘 아는 친구의 반응은 뜻밖이었다. 그런 일반적 주제는 '중복성'에 걸려 절대 통과할 수 없다고 했다. 무슨 말인지 이해하지 못하는 나에게 친구는 "정부에서 평가할 때 제일 먼저 보는 게 바로 과제 제목"이라고 설명해주었다. 비슷한 제목의 과제가 이미 지원받았었다면, 백이면 백 '중복성' 때문에 거절당한다는 이야기였다.

그래도 이해할 수 없었다. 우리는 아직 뇌를 이해하지 못했고, 이해하지 못했으니 당연히 같은 질문과 연구를 해야 하는 것 아니냐고 되물었다. 플라톤이 이미 "정의가 무엇인가"라고 물었으니 중복성 때문에 우리는 더이상 정의에 대한 질문을 해서는 안 된다는 말이냐고…… 불쌍하다는 듯 한참 나를 바라보던 친구는 이렇게 설명해주었다. 대한민국은 연구개발 성공률 97퍼센트라는 세계 1위 기록을 가진 나라다. 다시 말해 정부에서 지원받는 모든 연구는 (적어도 형식적으로는) 성공한다는 말이다. 그래서 비슷한 제목의 연구를 한다는 것은 이미 성공한 연구를 또다시 하겠다는 뜻이 된다고 했다.

그렇다. 대한민국이야말로 과거 로마인들이 주장했던 'nomen est omen', 그러니까 '이름이 곧 운명이다'라는 속담이 완벽하게 실천된 나라가 아닐까. 내용보다는 그럴싸한 이름이나 제목이 더 중요하다는 말이다. 그 아무도 이해하지 못한 뇌를 대한민국 어느 한 과제가 이미 과거에 '성공적'으로 연구했으니 우리는 더이상 '뇌 연구'라는 단순한 제목을 쓸 수 없다. 물론 방법이 없는 것도 아니다. 동일한 연구를 하면서도 조금 더 다르고 멋진 이름으로 제안하면 된다. 그렇기에 우리나라에서는 모든 게 '최첨단'이고 '유비쿼터스'하며 '창조적'이고 '융합적'이며 '시너지'를 만들어낸다.

기원후 476년 서로마제국이 무너졌다. 하지만 로마가 전부 망한 것은 아니었다. 콘스탄티노폴리스(오늘날 이스탄불)에 수도를 가진 동로마제국은 비잔티움제국이라는 이름으로 살아남아 1453년에야 오스만제국에 점령당한다. 과거 로마제국의 찬란한 역사, 그때의 기억과는 너무나도 동떨어진 자신들의 현실을 비잔티움제국은 '제목 인플레이션'을 통해 해결하려 했다. 더이상 아무 의미 없는 과거 명칭들이 점점 더 멋지고, 더 거대해졌다는 말이다. 막상 전쟁에서는 매번 패배하던 비잔티움의 장군들은 그래서 '슈퍼 장군' '우주 최고의 슈퍼 장군' '끝없이 빛나는 우주 최고의 슈퍼 장군'이라는 명칭을 가지게 되었다.

비잔티움제국의 교훈은 단순하다. 한 사회가 가진 문제는 그 문제의 이름을 바꾸거나, 그 문제가 이미 해결했다고 선포한다고 풀리는 게 아니다. 문제는 풀어야 풀리는 것이다.

Brain Story
20

우리는 왜 갈수록 잔인해지는가

©William Warby | Flickr.com

천문학자 퍼시벌 로런스 로웰Percival Lawrence Lowell은 조선과 깊은 인연을 가지고 있다. 1883년 일본 방문중 로웰은 당시 고종황제가 미국으로 보내려던 수호통상사절단을 안내하는 임무를 맡게 된다. 덕분에 '노월魯越'이라는 한국 이름까지 얻게 된 그는 조선과 일본의 역사와 문화를 서방에 알리는 데 큰 공헌을 한다.

하지만 미국인들과 유럽인들에게 로웰은 다른 업적으로 더 유명하다. 바로 '화성 운하' 때문이다. 이탈리아 천문학자 조반니 스키아파렐리Giovanni Schiaparelli가 1877년 처음으로 화성 표면에 운하가 존재한다고 주장한 바 있다. 일본에서 귀국 후 애리조나 주에 개인 천문대를 설립한 로웰 역시 화성엔 수많은 운하가 존재한다고 믿었다. 그는 화성 운하들은 자연적 현상이 아닌 고대 화성 문명의 증거라고 생각했다.

과거 화성에 생명체가 존재했는지는 여전히 과학적 논쟁의 대상이다. 하지만 이미 오래전부터 생명체가 존재할 수 없는 땅이 되어버린 화성에 고대 문명이 만든 운하가 보존됐을 확률은 거의 없다. 물론 음모론자들은 여전히 화성 표면엔 운하뿐 아니라 화성인 얼굴까지 존재한다고 주장하지만, 로웰과 19세기 학자들이 믿었던 운하는 그림자에 비친 지질학적 현상들이 만들어낸 우연한 착시에 불과하다.

'화성 운하'가 존재한다고 주장한 천문학자 로웰

뇌는 패턴과 음모설을 좋아한다

여기서 재미있는 질문을 던질 수 있다. 왜 인간은 항상 무의미한 패턴에서 의미 있는 현상을 보려고 하는 것일까? 답은 인간의 뇌에 있다. 망막에 들어오는 시각정보를 분석해보면 형태도 색깔도 입체감도 없다. 단지 망막에 꽂히는 광자의 확률 분포일 뿐이다. 입체감, 색깔, 형태 모두 시각피질과 고차원 뇌 영역이 만들어낸 계산적 결과물에 불과하다. 그렇다면 지금 눈에 보이는 세상은 그 상태로 뇌에 '입력'된 것이 아니라, 뇌를 통해 '출력'된 결과물이라 볼 수 있다. 물론 시각적으로 정확한 정보가 입력될 경우 출력과 입력은 대부분 동일할 것이다.

하지만 만약 망막에 꽂히는 정보가 애매모호하다면 어떻게 될까? 화성 표면의 패턴같이 불확실하고 다양한 해석이 가능하다면, 뇌는 어떤 기준을 통해 우리 눈에 보이는 세상을 만들어낼까? 바로 기억과 편견이다. 시각적 자극만을 통해 확실한 영상을 만들어낼 수 없다면, 뇌는 추론을 통해 지각될 세상을 만들어내야 한다. 세상은 단순히 보이는 것이 아니라 우리가 보고 싶은 쪽으로 보일 수 있다는 것이다.

고대 그리스인들은 별들이 무의미하게 이루는 무늬를 전쟁에서 승리하고 세상을 다스리는 신화의 영웅들과 연관지었다. 우리 조상들은 밤하늘 둥근 달을 보며 달 표면에 그려진 계곡과 그림자를 방아 찧는 토끼로 상상했다. 영웅도 신도 아닌 단순히 평화롭고 풍요로운 한 장면을 상상했던 우리의 조상들, 서글퍼지면서도 정을 느끼는 건 우연이 아닐 듯하다.

'자연스러워진 잔인함'은 더 큰 잔인함을 가능케 한다

캐럴라인 케네디Caroline Kennedy 주일 미국 대사는 많은 우여곡절을 겪은 사람이다. 아버지 존 F. 케네디 전 미국 대통령을 여섯 살에 잃었고, 세 살 아래 동생 존 F. 케네디 주니어는 서른아홉 살 나이에 비행기 추락사고로 숨졌다. 본인 역시 1975년 영국 유학시절 아일랜드 공화국군IRA 테러사건으로 목숨을 잃을 뻔했다. 그녀가 2013년 주일 대사로 임명됐을 때 일본인의 자부심은 대단했다. 국영방송 NHK는 마차를 타고 일왕을 만나러 가는 그녀의 모습을 생방송으로 중계하기까지 했다.

그런 케네디 대사가 2014년 초 자신의 트위터를 통해 일본 돌고래 어업의 비非인도성을 강하게 비판했다. 와카야마 현 다이지 초에서는 매년 돌고래를 몰아넣고 작살로 잡는다. 피바다로 변한 시뻘건 물속에 갇힌 돌고래들은 살아남으려 꿈틀거린다. 수컷은 암컷을 보호하려 하고, 어미는 새끼를 감싼다. 하지만 무슨 소용 있겠는가. 인간들에게 둘러싸인 돌고래들은 모두 작살에 찔려 죽어 넘어간다. 일본 정부의 반응은 강경했다. 다이지 초의 돌고래 어업은 오래된 전통이라고, 미국 사람들은 스테이크를 먹지 않느냐고, 왜 소고기는 먹어도 되고 전통 깊은 돌고래 사냥은 안 되냐고.

그로부터 한 달 후, 덴마크 코펜하겐 동물원은 '마리우스'라는 어린 기린을 도살하기로 결정한다. 죽을병에 걸린 것도, 사고를 당한 것도 아니다. 다른 기린들과 너무 비슷한 유전형을 갖고 있기에 죽어야 한다는 말이었다. 더구나 동물원은 마리우스의 시체를 아이들을 포함한 관람객들이 보는 앞에서 해체하고 사자 우리에 던져주기까지 한다. 이유는 간단했다. 죽음은 당연한 거라고, 아이들도 삶과 죽음이라는 '잔인한' 자연의 법칙을 알아야 한다고.

물론 자연은 잔인하고 모든 생명체는 언젠가 죽는다. 하지만 그게 중요한 게 아니다. 자연의 잔인함을 '자연스럽게' 받아들이지 않았기에 인간은 동물과 구별된 '문명'이란 것을 만들 수 있었다. 냉동실에서 꺼낸 스테이크와 살아 있는 돌고래의 살을 작살로 직접 잘라낸 피 흐르는 고기, 물론 둘 다 고기다. 하지만 우리 뇌에는 큰 차이가 있다. 후자는 잠자는 뇌의 잔인한 본능을 다시 깨울 수 있기 때문이다. '자연스러워진' 잔인함은 더 큰 잔인함을 가능하게 한다. 죄인들의 공개처형을 마치 소풍 나오듯 아이들과 함께 관람하던 중세기인들이 잔인함에 무뎌졌던 것같이 말이다.

유럽 최고 문화국이라던 독일인들의 나치 만행을 경험한 독일 작가 베르톨트 브레히트Bertolt Brecht는 이렇게 말했다. "문명이라는 페인트는 조금만 긁어도 추하고 잔인한 인간의 본모습이 드러나더라." '자연으로 돌아가자'가 다 좋은 게 아니다. 어쩌면 우리가 진정으로 해야 할 일은 자연에서 더 멀어져 '문명'이라는 페인트를 더 두껍게 칠하는 것인지도 모른다.

권력은 술과 담배보다 중독성이 높다

외부인으로서는 도저히 이해하기 어려운 권력 구조. 누가 실질적 정권을 가지고 있는지 알 수 없는, 가족도 친척도 안전하지 않은 반복된 숙청. 어제 최고의 권력자가 하루아침에 모든 걸 잃고 감옥살이를 할 수 있는, 아들이 아버지를, 삼촌이 조카를, 남편이 아내를 의심하는 사회. 1453년 터키 민족 오스만제국에 점령당하기 전까지 1000년 넘게 지중해 동쪽 국가들을 통치하던 비잔틴제국 이야기다.

시작부터가 심상치 않았다. 기독교를 받아들인 콘스탄티누스 1세 황제는 로마제국의 수도를 유럽과 아시아 사이에 있는 비잔티움으로 옮기며 동로마제국(훗날 비잔틴제국) 시대를 연다. 하지만 로마제국의 모든 권력을 손에 넣은 콘스탄티누스는 아들과 아내를 사형시킨다. 전 부인과의 사이에 태어난 장남 크리스푸스가 새어머니인 파우스타와 연인 관계였다는 이유였다. 그런가 하면 황제 레오 4세의 아내 이레네는 남편이 죽자 어린 아들의 눈을 찔러 장님으로 만들고 자신이 비잔틴제국 첫 여자 황제가 되는 데 성공한다. 그리고 콘스탄티누스 8세의 딸 조에 포르피로게니타는 남편을 살해하고 자신보다 수십 년 어린 새로운 남편 두 명을 앞세워 실질적 권력을 유지하기도 한다.

남편을 죽이고 권력을 쟁탈한 조에 포르피로게니타. 권력이 도대체 무엇이기에 엄마가 이 세상에서 가장 사랑해야 할 아들을 장님으로 만들고 아버지가 아들을 사형시키는가? 법으로 통제되고 사회가 책임을 물을 수 있는 합법적 권력은 물론 절대적으로 필요하다. 지도력을 가능하게 하는 권력 없이는 아무것도 실행할 수 없기 때문이다. 하지만 책임도 통제도 존재하지 않는 비잔틴제국 같은 무한 권력은 인간을 야생동물로 만드는 듯하다. 왜 그런 걸까?

아마도 억제되지 않는 권력은 이 세상 그 무엇보다도 중독성이 높기 때문일 테다. 인간이 즐길 수 있는 대부분의 것은 반복하면 할수록 만족감이 떨어진다. 아무리 맛있는 음식도 먹으면 먹을수록 예전만큼의 맛을 내지 못한다는 말이다. 하지만 권력만큼은 다르다. 권력이란 결국 타인의 행동을 나 자신에게 이득이 되도록 제어하는 힘을 말한다. 더 많은 사람을 제어하면 할수록 나에게 돌아오는 이득도 많아진다. 항상 같은 사람을 통한 동일한 이득이 아니기에 '수확체감의 법칙law of diminishing return' 같은 문제도 없다. 타인의 제어 덕분에 나는 보상과 이득을 얻을 수 있

남편을 죽이고 권력을 쟁탈한
조에 포르피로게니타

기에, 뇌는 '보강 학습' 메커니즘을 통해 중독성을 보이기 시작한다. 결국 한번 무한 권력을 맛보면 더이상 빠져나오기 어려운 셈이다.

Part 05

Brain Story
21

생각의 길이
많을수록
남들과 다른 길을
갈 수 있다

가수 싸이의 뮤직비디오가 전 세계적인 인기를 끌면서 '싸이 같은 창의적 인재 만들기'에 대한 이야기가 나왔다. 싸이 전엔 마크 저커버그였고, 그전엔 스티브 잡스였다.

우리는 왜 이렇게 '누구누구 만들기'에 집착하는가. 사람이 공장에서 찍어낼 수 있는 두부도 아니고, 도대체 뭘 만들겠다는 것일까. 정부나 회사가 원하는 대로 창의적이고 다양한 생각의 길을 가진 창조적 인재를 만들어낼 수 있을까.

창의력이란, 누구도 가보지 않은 새로운 생각의 길을 가는 것

생각의 길이 많을수록 남들과 다른 길을 갈 수 있다. 뇌 안의 '생각의 길'은 약 100조 개의 시냅스로 구현된다. 시냅스는 대부분 뇌가 유연한 어린 시절 주변 환경에 따라 만들어진다고 알려져 있다.

다양한 경험을 하며 자라면 그렇지 않은 뇌보다 더 많은 길이 유지된다. 서울과 부산을 연결하는 길이 남보다 더 많이 남아 있는 것과 비슷하다. 100가지 길을 가진 뇌와 경부고속도로 단 하나만을 가진 뇌의 생각 패턴은 많이 다를 수밖에 없다.

같은 문제에 대해 다양한 길을 가진 뇌는 통계적으로 다양한 시야와 해석을 가질 수 있지만, 생각의 길을 하나만 가진 뇌의 해결방법은 확률적으로 남들의 방법과 비슷할 것이다. 어느 사회에서나 유전적 돌연변이로, 또는 부모 덕분에 천문학적으로 뛰어나게 많은 생각의 길을 가지고 태어나는 사람들이 있다. 모차르트처럼 보통 우리가 천재라 부르는 사람일 것이다.

이 글을 쓰고 있는 나도 그렇고 독자 대부분은 천재가 아닐 것이다. 그렇다면 창의력을 키우려는 사회와 기업이 해야 하는 일은 무엇일까. 이미 천재적 뇌를 가지고 태어난 사람들을 위해 단 하나만 해주면 된다. 바로 '간섭하지 않기'다.

모차르트나 스티브 잡스로 태어난 사람을 대기업 '김대리'로 만들지만 않으면 된다. 그리고 우리처럼 나머지 평범한 99.999퍼센트를 위해서는 역시 단 하나만 지켜주면 된다. 우리에게 모차르트가 되라고 억지스러운 요구를 하지 않고, 우리가 이미 갖고 있는 생각의 길이나마 제대로 써볼 수 있도록 생각의 다양성과 변화를 허락하는 것이다.

창의력은 획일적으로 찍어낼 수 있는 것이 아니다

2013년은 뇌과학 역사에 충분히 기억될 만한 해다. 1월엔 유럽연합이 '인간 뇌 프로젝트Human Brain

Project, HBP'를 10년간 10억 유로(약 1조 5000억 원)를 지원하는 두 가지 과학 연구 프로젝트의 하나로 선택했다. 유럽은 과학 초강국이었던 예전 명성을 되찾으려는 야심과 자존심을 걸고 이 프로젝트를 추진하고 있다. 그런가 하면 오바마 대통령은 2월 국회 연설에서 미국이 앞으로 10년간 30억 달러(약 3조 3000억 원)를 투자해 '뇌 기능 지도Brain Activity Map, BAM'를 완성시킬 계획이라고 선언했다.

비슷해 보이지만 HBP와 BAM은 기본적으로 철학적 배경이 다르다. 뇌를 이해하는 데 가장 적합한 방법은 무엇일까? 우선 뇌의 기본 원리는 조직적 구조에서 온다고 생각해볼 수 있다. 신경세포 1000억 개가 서로 연결된 모든 경로를 알아내고 분석한다면, 마치 책을 읽듯 뇌 안에 저장된 정보를 읽을 수 있을지도 모른다. 이게 바로 유럽연합 HBP의 기본 가설이다. 그런가 하면 미국의 BAM은 뇌 정보가 훨씬 더 역동적으로 저장되며 처리된다는 이론에서 시작됐다. 그러기에 '조직'보다는 뇌의 '기능' 지도를 구현해야 한다는 주장이다.

유럽과 미국의 계획을 보며 부러움과 걱정을 동시에 느끼지 않을 수 없다. 연간 예산이 수십억 원에 불과한 초소형 한국뇌연구원 하나 설립하는 데 10년 넘게 걸렸기에 부러움은 당연하겠지만, 무슨 걱정을 해야 한다는 것인가.

태평양 섬 원주민들 사이엔 '화물 숭배'라는 종교가 있다. 제2차 세계대전 중 수많은 장비와 화물을 가지고 온 미군을 관찰한 원주민들은 신기한 사실을 발견했다. 군인들이 바쁘게 무선장비를 다루고 활주로를 뛰어다니며 깃발을 흔들자, 하늘에서 비행기가 날아와 음식과 신기한 물건 들을 가지고 왔다. 전쟁이 끝나고 더이상 배달되지 않는 화물을 그리워하던 원주민들 사이엔 활주로를 청소하고 나무로 비행기와 무전기를 만들고 군인들이 했던 행동을 따라 하면, 다시 화물이 도착할 것이라고 믿는 새로운 '종교'가 탄생했다.

세계적인 수준의 연구는 땅 파서 거창한 연구소를 짓고, 우리끼리 세계 최초라 주장하고, 왕년에 노벨상 탄 백인 할아버지를 초대해 한 시간 동안 강연을 듣는다고 되는 게 아니다. 분명히 조만간 '한국형 인간 뇌 프로젝트'와 '한국형 뇌 기능 지도'가 거론될 것이다.

물론 다 좋다. 하지만 정부에서 아무리 '한국형 스티브 잡스 만들기' '한국형 저커버그 키우기' 캠페인을 한다고 수능과 학원 수업에 찌든 수험생들 머리에서 갑자기 창조력이 튀어나올 리 없듯, 과학적 기본자세가 갖춰져 있지 않은 상태에서 남들이 한다고 형식적으로 따라 하는 모방식 과학 연구는 단지 현대판 '화물 숭배'나 다름없다.

아인슈타인, 레오나르도 다빈치, 오디세우스, 히틀러…… 이들의 공통점은 무엇일까. 아인슈타인은 시간과 공간이 절대적이지 않다는 생각의 혁신을, 그리고 다빈치는 그림에서 건축과 무기 설계까지 다루는 창의의 다양성을 잘 보여줬다. 그런가 하면 오디세우스는 창의적 아이디어로 트로이라는 고대 문명을 멸망시켰고, 히틀러는 독일인을 유대인 학살과 전쟁으로 유혹하는 '군중심리적 창의력'의 예이다.

창의력의 공통점은 '누구도 가보지 않은 새로운 생각의 길을 간다'는 것이지, 그 길 자체가 도덕적으로 바람직한지에 대해서는 정해져 있지 않다. 결국 우리에게 필요한 창의력은 공동체에 도움이 되는 건설적 창의력이지, 자신의 이익과 혜택만을 위한 이기적 창의력은 아니어야 할 것이다.

초보자만 있고 '달인'은 없는 나라

미국 반도체 설계 전문회사 퀄컴Qualcomm 부사장의 인터뷰가 생각난다. 한국 기업들이 판매중인 새로운 스마트폰용 칩에 대해 어떻게 생각하느냐는 물음에 돌아온 그의 답은 도도했다.

"(우리는 그런) 바보 같은 건 만들지 않습니다."

우리나라 최고 기업의 최고 엔지니어들이 설계한 제품이 바보 같다니? 하지만 알 만한 전문가들은 다 안다. 대한민국에서는 최고의 제품이라고 해도 국제 시장에서는 멋지고 스마트하기보다 그냥 열심히 잘 만들었다는 인상을 준다는 사실을…… 우리는 '노력상' 정도는 받아도 아직 '최고상'은 받지 못한다.

현 정부의 핵심 코드는 '창조경제'다. 그동안 대한민국을 먹여 살렸던 '모방경제'의 프레임을 창조적 경제로 바꾸어야 한다는 것이다. 물론 당연한 이야기다. 하지만 모방경제에서 창조경제로 바꾸는 것은, 농구를 하다가 축구를 시작하는 일과 비슷하다. 단순히

르네상스 시대의 천재
레오나르도 다빈치

유니폼만 갈아입고 운동장에 잔디를 새로 깐다고 될 일이 아니다. 왕년에 당연했던 것들이 무의미해지고, 과거의 정답이 새로운 문젯거리가 될 수 있다. 모든 것을 다 바꿔야 할 수도 있다는 말이다.

모방경제가 모방형 인재를 필요로 했다면, 창조경제는 창조형 인재를 필요로 한다. 결국 제일 중요한 건 나 자신이 달라져야 한다는 점이다. 어떻게 달라져야 할까? 정부에서 창조경제를 추구한다고 우리가 다같이 하루아침에 다빈치 같은 천재가 될 수도 없고 될 필요도 없다. 원한다고 천재가 나올 리 없고, 아무리 막으려 해도 어차피 나올 천재는 결국 나온다.

그렇다면 전 국민에게 인문학 교육을 하면 어떨까. 답은 "글쎄요"다. 회로 설계 엔지니어가 노자나 장자를 읽는다고 더 창조적인 설계가 나올 것 같지는 않다. 스마트폰 디자이너가 플라톤의 『국가』를 읽는다고 디자인이 달라질까? 노자, 장자, 플라톤은 이미 그들 자체에 충분한 의미가 있다. 그 이상도 그 이하도 바라지 않는 게 현실적일 것이다.

어쩌면 우리는 이미 하고 있는 것들을 그 누구보다 더 잘하기만 해도 충분할 수 있다. 처음 운전하기 시작했을 때의 어려움을 기억해보자. 수많은 실수, 어려움, 그리고 끝없는 불안…… 초보자와 달인의 뇌는 근본적으로 다르다. 경험이 없으면 모든 게 새롭기에 모방할 수밖에 없다. 하지만 달인은 같은 일을 그 누구보다도 쉽고 빠르고 완벽하게 한다. 그리고 이미 잘하기에 새로운 것을 창조할 수도 있다. 그렇다면 달인 뇌의 비밀은 무엇일까? 대부분 달인은 타고난 천재가 아니다. 단순히 수많은 시도와 연습을 통해 뇌가 많은 경험을 쌓았을 뿐이다.

엔지니어들이 보고서 쓸 시간에 새로운 회로를 디자인하고, 교수들이 정부청사 복도에서 사무관을 기다릴 시간에 연구하고, 정치인들이 서로 헐뜯고 다툴 시간에 나라의 미래를 설계한다면? 우리나라엔 회로 설계의 달인, 연구의 달인, 정책의 달인 들이 넘칠 것이다. 그리고 그때 다시 한번 퀄컴 부사장에게 질문하고 싶다. 이번에 새로 나온 대한민국 제품에 대해 어떻게 생각하느냐고.

창업과 혁신으로 유명한
이스라엘 사람들은 뇌가 다를까

테크니언 공대와 공동 연구를 하느라 이스라엘을 방문한 적이 있다. 이스라엘은 방문할 때마다 많은 것을 느끼게 하는 '극과 극'의 나라다. 텔아비브는 그 어느 지중해 도시에 뒤지지 않는 젊음이 넘치는 도시다. 멋진 바닷가 카페에 앉아 자유롭게 산책 나온 동성애 커플들을 보고 있으면, 도저히 중동 한복판이라는 생각이 들지 않는다. 하지만 차로 한 시간만 가면 토요일에는 곳곳에 운전마저 금지된 역사적 도시 예루살렘이 나온다. 여기서 또다시 15분을 가면 팔레스타인 자치 지역이다. 그리고 서북쪽으로 한 시간 반 정도를 가면 레바논을 맨눈으로 볼 수 있는 이스라엘 최고의 공업도시 하이파가 나온다. 예루살렘은 기도하고, 텔아비브는 놀고, 하이파는 일한다는 말이 틀리지 않는다.

창조경제를 이야기할 때 빠지지 않는 나라가 이스라엘이다. '스타트업 네이션Startup Nation'이라고 불리는 이스라엘이야말로 진정한 창업과 혁신의 나라라는 말이다. 정말 그럴까? 그렇다면 그들의 창업과 혁신 마인드는 어디서 나오는 것일까? 창업을 위한 뇌는 따로 정해져 있는 것일까?

잘 알려져 있듯 이스라엘 창조경제의 핵심 중 하나는 안보다. 제2차 레바논전쟁 당시 수많은 로켓이 하이파 시내에 떨어졌고, 그 경험을 토대로 테크니언 대학을 중심으로 '아이언 돔'과 '애로 미사일Arrow Missile' 같은 근거리 미사일 방어 시스템을 자체 개발하게 됐다. 그런가 하면 이스라엘 벤처 창업자 대부분이 '8200 특수 첩보부대' 출신이다. 군 복무 기간을 시간 낭비라고 생각하는 전 세계 젊은이 대부분과는 달리, 8200 출신 이스라엘 친구들은 그 시절을 인생에서 가장 재미있고 자유로웠던 시절이라고 이야기한다.

군 복무 시절이 가장 자유롭다? 말이 안 될 것 같지만, 그게 바로

8200의 특징이다. 고등학교 졸업생 중 이공계 최고 성적 학생들만 뽑아가는 이 부대는 마치 칭업 사관학교 같은 역할을 한다. 어린 학생들에게 최첨단 지식과 장비를 제공해주고, 대학보다 더 자유로운 분위기에서 실패의 두려움 없이 아직 누구도 풀지 못한 국방 기술문제들을 풀게 한다. 전 세계 최고 수준을 자랑하는 엘타 사, AESA 레이더, 그리고 이란의 핵무기 실험장비를 파괴했다는 전설적 스턱스넷stuxnet 컴퓨터 바이러스 등이 그런 분위기에서 만들어졌다. 4, 5년이라는 긴 복무 기간 동안 독립적 마인드와 빠른 결정 프로세스에 적응된 8200 출신들은 느리고 관료주의적인 대기업보다 대부분 창업을 선호한다. 코앞에 떨어지는 미사일을 자기들이 개발한 기술로 막을 수 있다는 '성공 경험'을 한 그들이 자그마한 회사의 파산을 두려워할 리 없다.

'완벽한 안전'은 어차피 존재하지 않으며 나의 인생과 나의 행복은 내가 지켜야 한다는 '초현실적' 마인드가 있기에 이스라엘식 창조경제가 가능하지 않았을까

물론 '안보'가 모든 것을 설명하지는 못한다. 이스라엘의 70~80세의 어른들은 나치 독일이라는 치명적 위험을 막연히 피하거나 묵살하기만 하다가 결국 유대인 수용소로 끌려간 친척들의 모습을 기억

한다. 독립적 인생이 막연히 두려워 대기업이나 공기업의 '우산' 밑으로 숨으려는 우리의 '현실적' 태도와는 달리, 이스라엘은 '완벽한 안전'은 어차피 존재하지 않으며 나의 인생과 나의 행복은 내가 지켜야 한다는 '초超현실적' 마인드를 가지고 있기에 이스라엘식 창조 경제가 가능하지 않았을까 생각해본다.

우리가 노벨상을 타려면 무엇을 해야 할까

불과 100년 전까지만 해도 신경세포 자체의 정체가 확인되지 못하고 있었다. 스페인 뇌과학자 라몬이카할Ramôn y Cajal은 뇌가 서로 독립적인 세포들로 만들어졌다고 가설한 반면 이탈리아의 카밀로 골지Camillo Golgi 교수는 뇌 전체가 단 하나의 커다란 신경망으로 구성되어 있다고 주장했다. 카할의 가설은 결국 받아들여져 그는 1906년 노벨 생리의학상을 받았지만, 자신이 사용했던 방법을 처음 개발한 학문적 라이벌 골지 역시 함께 노벨상을 수상하는 아이러니한 상황이 벌어졌다.

그후 수많은 노벨상이 뇌과학 연구 결과에 주어졌지만, 우리나라 사람은 아직 뇌과학뿐 아니라 그 어느 과학 분야 노벨상도 받지 못했다. 노벨상만이 아니다. 수학 분야의 필즈상Fields Medal, 컴퓨터 분야의 튜링상Turing Award 등 우리는 인류 최고의 업적에만 주어지는

상을 아직 한 번도 받아보지 못했다. 더 비참한 일도 있다. 예술계의 올림픽게임이라 불릴 수 있는 베네치아 비엔날레 본전시에 한국 작가는 수년간 초청받지 못하고 있다. 특히 2013년 비엔날레의 총감독이 지난 2010년 광주 비엔날레를 계획했던 이탈리아인 마시밀리아노 지오니Massimiliano Gioni였는데도 말이다.

이 정도 되면 아무리 불편하더라도 논리적으로 가능한 세 가지 원인 중 하나를 받아들여야 할 것 같다. ①한국인은 유전적으로 무능해 세계 최고의 업적을 만들지 못한다. ②전 세계가 한국인을 미워하고 차별하기로 결심했다. ③대한민국 사회·교육·정책 시스템에는 인류 최고의 업적을 가로막는 근본적인 문제가 있다.

물론 마지막 가설이 맞을 것이다. 그렇다면 그 근본적 문제가 무엇일까? 연구비, 교수·학생의 능력, 연구시설…… 눈으로 확인하고 지표로 만들 수 있는 대부분 조건은, 완벽하진 않지만 이미 선진국 수준에 가깝다. 물론 노벨상 수상자들의 인생을 다 헤집어 우리에겐 없는 그 무언가를 더 찾아볼 수도 있다.

노벨상 수상자들에게는 통계학적 공통점이 몇 가지 있다. 대부분 백인 남성에, 그의 지도교수도 노벨상을 받았으며, 초콜릿 소비가 높은 나라에 살고, 이혼한 경험이 있다. 그렇다면 대한민국 교수들에게 당장 이혼하고 초콜릿 먹으며 백인으로 변신하라고 해야 할까? 물론 난센스다.

우리가 찾는 원인은 그다지 어렵지도, 신문에 기사화될 정도로 거창하지도 않을 수 있다. 대한민국 사회의 특징 중 하나는 당연

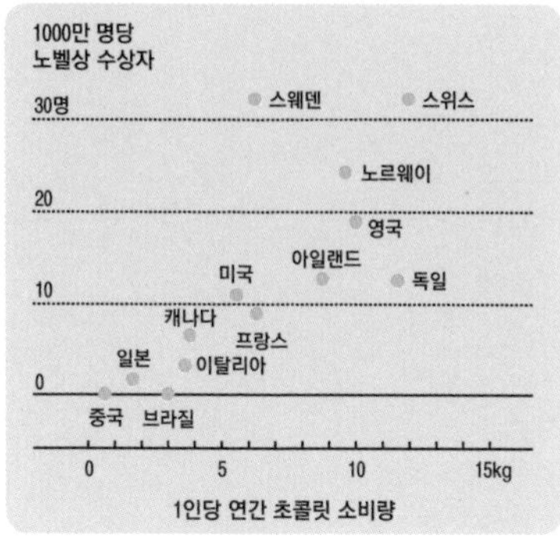

히 해야 할 일을 할 시간이 없다는 점이다. 기자들은 기사 쓸 시간이 없다 하고, 조각가는 조각할 시간이 없단다. 비슷하게 연구자는 대부분 시간을 연구보다는 연구비 신청, 아니면 어떤 연구를 해야 노벨상을 받을 수 있을까를 가지각색으로 조사하는 여러 정부기관을 위해 자료를 수집하는 데 보내야 한다. 우리가 걱정할 시간에 차라리 조용히 앉아 연구할 수 있다면, 원하는 바로 그것을 자연스럽게 얻을 수 있지 않을까 생각해본다.

Brain Story
22

뇌과학으로 협상의 달인이 되는 법

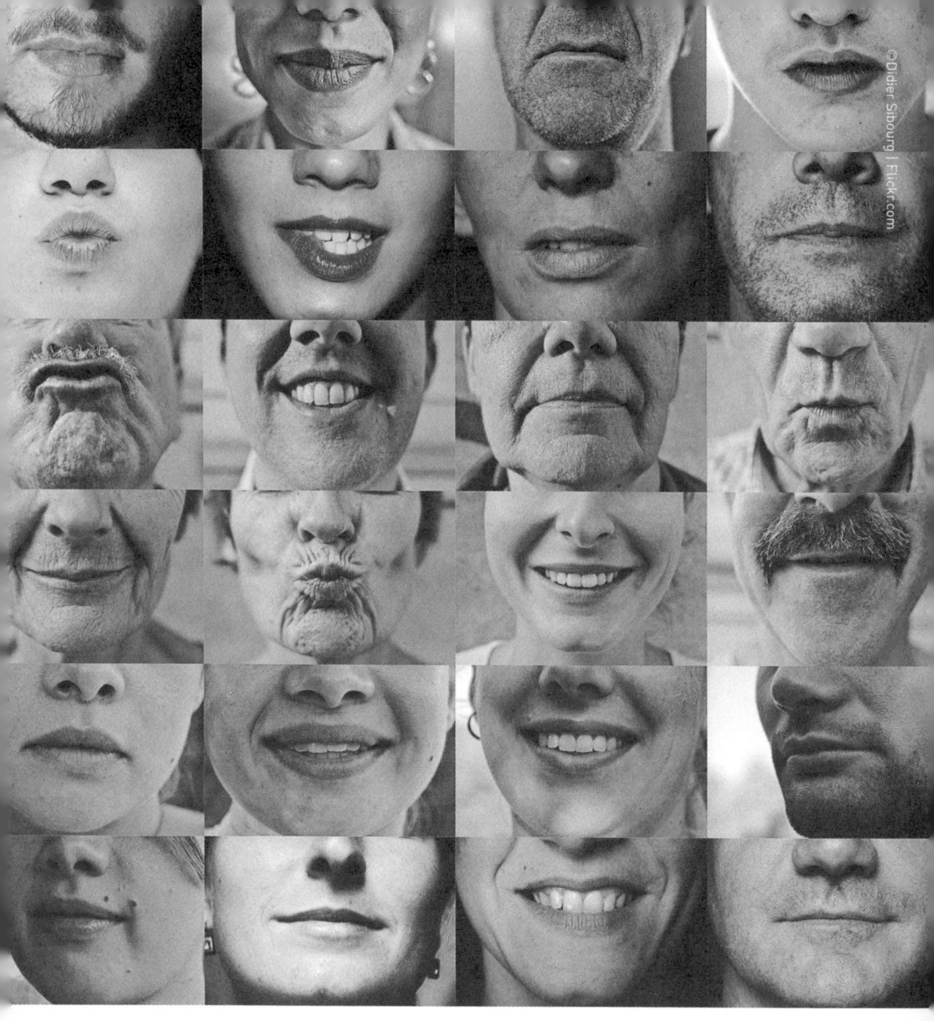

©Didier Sibourg | Flickr.com

"최고의 협상은 내가 원하는 바를
상대방이 말하거나 행하게 하는 것이다."

– 다니엘 발레Daniel Varè, 이탈리아의 협상 전문가

중동 카타르에서 열린 학회에 참석했다가 그곳 전통시장을 방문할 기회가 있었다. 우리 돈으로 몇 만 원 정도 하는 기념품을 사고 바로 가게를 나서려고 하는데 주인의 표정이 썩 좋아 보이지 않았다. 주인은 왜 자기와 가격 흥정을 하지 않느냐며 불쾌해했는데, 그의 논리는 대략 이랬을 것이다. 흥정하지 않는다는 것은 결국 처음부터 자신의 물건 가격이 너무 싸다고 느끼거나, 이 외국인 눈에는 자기와 이성적인 협상을 하는 것이 불가능해 보인다는 의미다. 가격 흥정하기를 즐기고 자존심 강한 아랍인 가게 주인에게 두 시나리오 모두 기분 좋을 리 없었다.

판매자와 구매자가 수요와 공급을 통해 가장 적절한 가격을 찾아간다는 것이 시장경제의 기본원리다. 하지만 사회 전체의 수요와 공급의 절댓값을 알 수 없는 대부분의 상황에서는 협상을 통해 가격을 합의해야 한다. 그렇다면 우리는 무엇을 기준으로 가장 적절한 가격을 찾아가는 것일까?

뇌는 처음 접촉한 정보에 끌려간다, 닻 내리기 효과

위의 질문에 대해 미국 심리학자 아모스 트버스키Amos Tversky와 대니얼 카너먼은 흥미로운 결과를 얻을 수 있었다. 아프리카에서 몇 개 국이 UN에 가입돼 있을까? 솔직히 나도 잘 모른다. 대부분의

협상을 통해 가격을 결정할 때
닻 내리기 효과가 큰 영향을 준다

사람이 정확한 답을 알 수 없는 이런 상황에서 무작위로 피험자들을 두 그룹으로 나눴다. 첫 그룹에게는 '10'이라는 숫자를, 다른 그룹의 피험자들에게는 '65'라는 숫자를 주었다. 물론 이 숫자는 UN 가입국과는 아무 상관 없었고, 피험자들도 그 사실을 잘 알고 있었다. 그리고 피험자들에게 UN 가입국 수를 물으니 뜻밖의 결과가 나왔다.

10이라는 숫자를 받았던 사람들은 가입국 수가 '25'라고 추측했지만, 65라는 숫자를 받았던 피험자들은 가입국 수가 대략 '45'라고 답했다. 무작위로 나눈 그룹이었기 때문에 두 그룹 사이에서 통계학적으로는 차이가 있어선 안 되는 상황이었다. 그런가 하면 동일한 물건을 (a)제한 없이 살 수 있거나 (b)한 사람당 4개 또는 (c)12개까지 살 수 있도록 허락했더니, 소비자들이 평균 3.3개(a), 3.5개(b), 7.0개(c)를 구매했다는 결과가 있다. a 조건과 c 조건 사이엔 두 배가 넘는 차이가 났다.

행동경제학에서는 이런 현상을 '닻 내리기 효과Anchoring Effect'라고 부른다. 마치 배가 던져진 닻에 끌려가듯, 인간의 뇌는 처음 접촉한 경험이나 정보에 끌려간다. 결국 협상에서 가장 중요한 포인트 중 하나는 자신에게 더 유리한 조건을 마치 닻을 던지듯 먼저 제시해야 한다는 것이다. 그러면 확률적으로 상대방은 내가 원하는 조건에 끌려오게 되므로 닻을 던진 사람은 '갑', 끌려오는 사람은 '을'이 된다.

공포에 빠진 뇌, 전투 아니면 도피

'서울을 불바다로 만들겠다.' '한반도 핵전쟁은 시간문제다.' '미국 본토까지 핵 타격하겠다.' 지구 정복을 꿈꾸는 악당들이 자주 등장하는 코미디 첩보 영화에서나 볼 수 있었던 장면들을 우리는 요즘 일간지 헤드라인에서 본다. 별로 즐겁지 않다. 협박의 핵심은 방법과 의도다. 뇌과학을 기반으로 협박의 최종 목적과 전략에 대해 생각해보자.

적어도 기본 전략 자체는 단순해 보인다. 점점 거칠어지는 언어와 강도 높은 협박을 통해 우리를 공포와 두려움에 빠지게 하려는 것이다. 인간을 포함한 동물 대부분의 뇌에는 공포를 느끼게 하는 두 가지 신경 시스템이 존재한다. 생존에 위협을 줄 수 있는 정보들이 시상thalamus을 통해 관찰되면 먼저 본능적으로 '낮은 시스템low road'을 통해 편도체amygdala에 전달된다. 편도체의 신경세포는 대부분 부정적이거나 위험한 요소에 반응을 보이도록 돼 있다. 그렇게 전달된 자극은 자동으로 '위험하다'는 결론을 내리며, 시상하부hypothalamus에서 만들어지는 다양한 호르몬을 통해 심장이 빠르

위급한 상황에서 이성적인 판단을 하려면
상대방의 목적을 이해하는 게 핵심이다

게 뛰고 숨이 가빠지며 근육이 단단해진다. 이런 본능적 공포에 빠지면 뇌는 이성적인 판단능력을 잃어 결국 '전투 아니면 도피fight-or-flight' 같은 극단적 반응을 보인다. 이런 극단적 행동은 상황에 최적화하지 못할뿐더러 상대방이 쉽게 예측할 수 있다.

하지만 뇌 안에는 조금 더 이성적인 '높은 시스템high road' 역시 존재한다. 시상을 통해 대뇌피질(예를 들어 시각뇌)로 전달된 정보는 해마에서 과거 경험 기억들과 비교된다. 결국 같은 자극이라도 높은 시스템을 통해 처리되면 해마의 과거 경험과 대뇌피질의 논리적 계산을 기반으로 최적화된 결론을 내릴 수 있다. '호랑이에게 물려 가도 정신만 차리면 산다'는 말은 생존을 위협하는 상황도 해마와 대뇌피질을 통해 이성적 판단을 내려 극복해나갈 수 있다는 말일 것이다. 이성적 판단을 위해서는 상대방의 목적을 이해하는 것이 핵심이다. 호랑이의 목표는 맛있는 살덩어리일 것이다. 그럼 북한의 목표는 무엇일까. 다양한 가설을 생각해볼 수 있지만, 전면전을 통한 자살 행위나 단지 굶어가는 나라의 자존심 지키기는 아닐 듯하다.

다시 생각해보자. 현재 진행중인 북한의 협박은 다른 외부 원인 없이 자신들의 주도 아래 자신들의 타이밍으로 진행되고 있다. 대한민국이 또다시 '퍼줄' 때까지 계속될 협박이라는 것이 내외신에 나오는 전문가 대부분의 분석인 듯하다. 하지만 어쩌면 우리가 강도 높은 협박에만 집중할 때 그들은 금융 사이버 테러 또는 신용등급 하락 유도 같은 보이지 않는 전쟁을 통해 이미 대한민국의 살덩어리를 조금씩 물어뜯어가고 있는지도 모른다. 이는 협박 그 자체가 목표일 수도 있다는 이야기다.

호랑이에게 물린 후 정신 차려봤자……

2014년엔 소치 동계올림픽도 있고 브라질월드컵 경기도 있다. 하지만 2014년은 무엇보다 제1차 세계대전 100주년을 기념하는 해가 될 것이다. 100년 전 유럽인들 간의 전쟁이 우리에게 어떤 의미가 있을까? 케임브리지 대학의 역사학자 데이비드 레이놀즈David Reynolds 교수가 얼마 전 출간한 『긴 그림자*The Long Shadow*』(국내 미출간)에서 설명했듯, 제1차 세계대전은 그 어느 전쟁보다 역사적으로 더 오랜 영향을 끼쳤다. 거대한 독일, 러시아, 오스트리아-헝가리, 오스만제국을 멸망시켰다. 제1차 세계대전의 사회 · 정치 · 경제적 결과물은 결국 제2차 세계대전의 씨앗이 됐고, 유럽이 헤게모니를 쥐고 슈퍼 갑 행세를 하던 세상은 20세기 미국과 소련이 주도하는 세상으로 탈바꿈하였다.

하지만 1914년이 우리에게 진정으로 중요한 이유는 다른 데 있다. 바로 오늘날 중국이 1914년 독일과 같은 역할을 할 것이라는 가설 때문이다. 독일은 어떻게 제1차 세계대전의 '주범'이 됐을까? 극심한 민족주의, 제정신이 아닌 황제, 서로 꼬인 동맹 관계. 다양한 이유를 들어볼 수 있겠지만, 핵심적 원인은 다른 데 있다. 뒤늦게 근대화된 독일은 영국, 프랑스와 '동등하게' 세계를 지배할 '권리'가 있다고 주장했던 것이다. 그렇다면 중국은 어떨까? 찬란한 고대 역사와 문명을 자랑하지만, 중국 근대사는 패배와 수치로 점철돼 있다. 그렇기에 20세기 초 독일이 세상을 '불공평'하게 느꼈듯, 이제야 근대화되고 있는 중국이 미국, 일본, 유럽 위주의 세상을 불공평하게 느끼는 것은 어쩌면 당연한 일이다. 거꾸로 20세기 말 세계 무대에 혜성같이 등장한 '졸부' 중국을 미국, 일본이 경계하는 것도 그들에게는 '논리적'인 일이다.

중국, 일본, 미국. 당연히 누구도 전쟁을 원하지 않는다. 하지만 아무도 원하지 않는 전쟁도 일어날 수 있다는 것이 1914년의 교훈이다. 그리고 우리에게는 교훈이 또하나 있다. 2014년 중국이 제1차 세계대전 전 독일이라면 일본은 제2차 세계대전 전 독일이라는

제2차 세계대전에서 사용된 무기들

점이다. 제1차 세계대전 패배 후 제대로 된 역사적 교훈을 얻지 못한 독일이 또 한번 '큰 사고'를 쳤듯, 일본 역시 또 한번 사고를 칠 수 있다는 것이다.

앞서 '호랑이에게 물려 가도 정신만 차리면 살 수 있다'는 말이 이

성적 판단으로 위기를 극복할 수 있다는 뜻이라고 했다. 하지만 호랑이에게 물리고 나면 아무리 정신을 바짝 차려봤자 선택지가 그리 많지 않다. 운이 좋아봤자 그저 죽지 않는 정도다. 살아남는 걸 최고 결과로 생각하는 진정한 루저 철학인 것이다. 제1차 세계대전 전 독일과 제2차 세계대전 전 독일 사이에 끼어 있는 2014년 대한민국이 가진 숙제는 결국 이거다. 물리고 나서 정신을 차려서는 안 된다. 정말 잘 생각하고 잘 선택해 호랑이에게 물리지 않아야 한다. 아니, 호랑이를 잡아 동물원에 넘기든가, 가죽을 벗겨 팔든가, 목에 GPS를 걸어 다시 풀어줄 수 있는, 더이상 루저가 아닌 역사의 '갑'이 되어야 한다.

Brain Story
23

아프니까 사람이다?
만약 아픔이
없다면……

amazon.co.jp
JB3
amazon.co.jp

전갈은 무서운 동물이다. 주로 메마른 사막에 사는 전갈은 구부러진 꼬리에 있는 독침을 사용해 자신을 방어한다. 총 1000종으로 알려진 전갈 중 몇 종의 독은 매우 지독해 심지어 다 큰 어른의 생명을 위협할 수도 있다. 그러니 몸이 작은 생쥐들에게 대부분 전갈의 독은 치명적일 수밖에 없다. 그런데 얼마 전 전갈에게 독침을 쏘이고도 아픔을 느끼지 않는 생쥐가 소개돼 관심을 모은 적이 있다.

북미 서부에 사는 식충성 생쥐인 '메뚜기쥐Grasshopper Mouse'는 전갈을 무서워하지 않을 뿐 아니라 심지어 다른 쥐들이 두려워하는 전갈을 잡아먹기까지 한다. 이 쥐는 어떻게 통증을 느끼지 않을 수 있는 걸까? 이유는 전갈 독을 억제할 수 있는 특정 이온채널(Nav1.8)을 가지고 있기 때문이라고 알려져 있다. 치료 불가능한 통증으로 고생하는 환자들에게 먼 미래에 작은 희망이 될 수도 있는 연구 결과다.

아픔이 없다면, 무슨 일이 벌어질까

도대체 아픔은 왜 존재할까? 가시에 찔렸을 때 느끼는 따가움, 불에 올려져 있는 냄비를 실수로 만졌을 때의 뜨거움, 사랑하는 사람을 잃었을 때 느끼는 상실감…… 그것이 물리적인 통증이든 심리적인 통증이든, 우리에게 아픔은 반가울 리 없다. 하지만 '정상적인' 진통과 통증은 생명체에게 핵심적인 역할을 해주고 있다. 생명체들은 아픔과 통증을 통해 몸과 마음에 이상이 있음을 발견할 수 있기 때문이다. 마치 기름이 떨어져가는 자동차 계기판에 불이 깜박이듯, 신체는 아픔을 통해 '문제의 원인을 해결하거나 피하라'고 강하게 충고하는 것이다.

결국 통증의 핵심은 신체가 우리에게 전달하려는 충고를 제대로 이해하고, 문제의 원인을 빠르게 해결해야 한다는 데 있다. 손이 따가운데 발을 치료해서는 안 될 노릇이다. 화상을 입어 통증을 느끼는 손은 지금 이 순간 치료해야만 더 큰 통증을 막을 수 있다.

만약 통증을 느끼지 못한다면 어떤 일들이 벌어질까? HSAN-4Hereditary Sensory and Autonomic Neuropathy type Ⅳ라는 유전병을 가진 환자들은 통증과 온도 차이를 느끼지 못한다. 자신의 팔이 부러지거나 발이 동상에 걸려도 느끼지 못한다. 심지어 음식을 씹는 것 자체가 문제가 될 수 있다. 혀가 물려 피가 나도 느끼지 못하기 때문이다. 결국 정상적인 삶과 행복을 위해 아픔은 필수라는 말이다.

아픔과 통증을 통해 문제의 심각함을 알려주는 것은 신체뿐만이 아닐 것이다. 경제협력개발기구OECD 최고의 자살률, OECD 최상의 우울증 환자 비율, OECD 최하위 수준의 행복지수…… 수천만 명으로 구성된 대한민국이라는 공동체 역시 어쩌면 이런 통증을 통해 우리 사회의 치명적인 문제를 지적하고 있는지 모른다. HSAN-4 환자처럼 이런 신호들을 계속 알아차리지 못한다면, 어쩌면 우리는 우리들 공동체의 팔과 다리가 잘려나가는 것조차 느끼지 못하게 될 것이다.

미세먼지보다 더 무서운 것

중국산 미세먼지가 우리를 괴롭힌다. 분명히 대낮인데도 어두운 저녁처럼 앞이 보이지 않는다. 목이 칼칼하고 머리가 지끈거린다. 미세먼지로 덮인 뿌연 하늘만 보다가 얼마 전 스위스 출장 때 파랗고 선명한 하늘을 보고 놀라는 나 자신의 모습에 황당해하기도 했다. 말이 '미세먼지'지 사실 우리에겐 참으로 친숙한 '스모그'다. 대기오염이 사회적 문제가 되기 전이던 1970~1980년대에도 우리가 자주 경험했던 그 스모그 말이다.

미세먼지가 인체에 미치는 해로운 영향은 잘 알려져 있다. 특히 초미세먼지는 폐포까지 깊숙하게 침투해 각종 호흡기 질환을 일으킬 수 있다. 면역기능을 악화시키기에 임신부와 태아에게 굉장히 해롭다.

몸에만 영향을 주는 게 아니다. 최신 연구에 따르면 초미세먼지는 뇌와 마음에도 영향을 준다고 한다. 코 내부에는 후각신경세포가 자리잡고 있다. 코를 통해 침투한 초미세먼지는 이런 후각신경세포를 타고 두개골 안의 뇌로 전달된다는 것이다. 아직 자세한 신경생물학적 메커니즘은 알려지지 않았지만, 뇌 안으로 침투한 초미세먼지는 다양한 문제의 원인이 될 수 있다. 어린아이의 인지 발달이 느려지며 노인의 기억력과 인지능력을 떨어뜨린다. 초미세먼지는 기억력을 좌우하는 해마 신경세포에 직접적 영향을 주며, 우울증 증세의 원인이 되기도 한다. 결국 스모그는 우리의 몸과 마음을 동시에 아프게 한다는 말이다.

중국산 스모그의 가장 큰 문제는 '중국산'이라는 점이다. 우리가 직접 나서서 쉽게 해결할 수 있는 문제가 아니라는 말이다. 하지만 중국이라는 초강대국을 이웃으로 둔 우리가 미세먼지보다 더 걱정해야 할 문제가 또하나 있다. 머지않은 미래에 미국과 치를 군사·경제·문화 전쟁에서 중국은 대한민국을 자기들의 정치적 '폰pawn(체스 게임의 졸병)'으로 이용하려고 한다는 점이다. 중국산 미세먼지를 경험하며 느끼는 오늘날 우리의 무력함이 더 큰 정치적 무력함으로 이어지지 않으려면 지금 이 순간 무엇을 해야 할지 걱정할 때다.

Brain Story
24

우리 삶을
지배하는 가치들

"유대인에겐 도덕성이라는 위대함이 없다…… 유대인에겐 선과 악의 차이가 없으며…… 곱슬곱슬한 머리카락만으로도 볼 수 있듯이 유대인은 인종적으로 흑인에 가깝다……"

글로 쓰기 민망할 정도로 터무니없는 반反유대주의적 망언들이다. 누가 이런 말을 한 것일까? 1903년 23세 나이에 자살한 오스트리아 철학자 오토 바이닝거Otto Weininger가 쓴 『성과 성격Geschlecht und charakter』이라는 책의 내용이다. 그는 현대사회의 모든 문제가 '비생산적인' 여자라는 성性에서 온다고 주장했다. 그는 여성 혐오주의자에 반유대주의자였다. 특이한 점은 그 자신도 유대인이었다는 사실이다. 히틀러가 바이닝거를 "만나본 유대인 중 유일하게 '제대로' 된 사람"이라고 칭찬했을 정도로 그의 유대인 혐오는 유명했다.

왜 유대인인 바이닝거는 유대인을 그토록 증오한 것일까? 바로 19세기 유럽에서 자주 볼 수 있던 유대인들의 '자기혐오'라는 반半

유대인을 증오했던 유대인, 오토 바이닝거

정신병 증세다. 수백 년간 계속된 유럽인들의 차별과 무시가 마치 '스톡홀름 신드롬'같이 유대인 자신들에게 유대인 혐오를 만들어내게 했다는 것이다.

유대인 증오한 유대인,
한국 증오하는 한국인

"북한의 모든 행위는 애국적, 남한은 반역적이다."

대한민국 한 국회의원의 발언이 논란이 된 바 있다. 물론 글로 쓰기 민망할 정도로 터무니없는 이야기다. 단순하게 보면 대한민국 국민으로서 대한민국을 증오하는 '바이닝거식' 자기혐오 현상이라고 말할 수 있겠다. 하지만 조금 더 깊게 생각해보자. 바이닝거의 주장은 현실을 중시하는 영국식 경험주의와는 달리 개념과 이론이 사실보다 더 우월하다고 주장하던 19세기 독일식 철학의 한계였다. 하지만 이론은 현실을 설명하기 위해 만들어진 것이지 현실을 대체해서는 곤란하다. 혀를 움직이기만 하면 만들 수 있는 게 '말'인데 무슨 말을 못 하겠는가.

그래서 볼테르Voltaire는 '신성로마제국'을 "성스럽지도, 로마답지도, 제국적이지도 않다"고 하지 않았던가? 영국은 제대로 된 헌법조차 없는 왕국이고, 짐바브웨는 '랭커스터 헌법'이라는 멋진 법을 가진 공식적 공화국이다. 하지만 개인의 자유, 인권, 민주적 절차…… 모든 면에서 영국이 짐바브웨보다 더 민주적이고 공화국적이다.

그렇다면 나라의 기원과 역사는? 해방 후 친일파 출신 인사들이 남한에서 출세하고 일부 독립운동가들이 북한을 선택한 건 팩트다. 하지만 과거가 영원히 현재의 도덕적 기준이어야 할까? 물론 아니다. 영국 왕조의 조상이 약탈과 강간으로 유명하던 바이킹 출신이라고 오늘날 영국인의 자유가 무의미해지는 것이 아니며, 짐바브웨의 독재자 로버트 무가베Robert Mugabe가 독립운동가였다는 사실이 오늘날 그의 독재를 정당화할 수 없다.

'자주' '민족' '우리식'…… 다 좋은 말이다. 하지만 말은 말일 뿐, 현실은 굶어 죽는 아이들이고, 팩트는 14번째 수용소다. 현실의 가장 믿을 만한 증인은 언제나 '현실 그 자체'라는 말이다.

무엇이 더 중요한 것일까

아직 초등학교에 입학하지 않은 어린아이를 데리고 이런 실험을 해보자. 우선 그림 〈a〉처럼 똑같이 생긴 유리컵 2개에 같은 양의 물을 채운 후 어느 컵에 물이 더 많은지 물어보자. 물론 양쪽 컵에 똑같이 많다고 대답할 것이다. 정답을 확인한 후, 아이가 보는 앞에서 그림 〈b〉와 같이 왼쪽 컵의 물을 조금 더 길고 폭이 좁은 유리컵에 옮겨 담아보자. 그리고 아이에게 다시 한번 어느 컵에 물이 더 많은

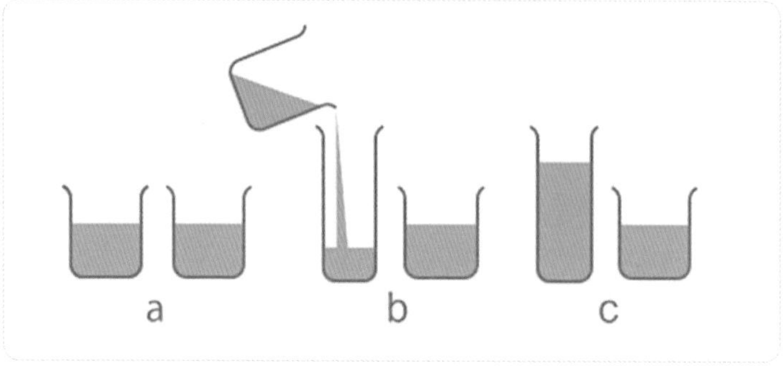

발달심리학자 장 피아제의 '보존개념' 실험

지 물어보면 신기한 것을 발견할 수 있다. 대부분 아이가 긴 컵에 물이 더 많다고 주장하는 것이다.

눈앞에 보이는 물을 다른 컵에 옮겨 담기만 했는데 왜 아이들은 갑자기 한쪽에 물이 더 많다고 생각하는 것일까? 길지만 폭이 좁은 컵에 더 높게 차 있는 물을 보고 양이 늘어났다고 착각한 것이다.

스위스 발달심리학자 장 피아제는 인간은 '보존개념'을 타고나는 것이 아니라 오랜 발달과정을 통해 서서히 인식해나간다고 주장했다. 보존개념이 아직 발달하지 못한 나이엔 '더 높다'와 같은 하나의 특정 조건을 '높이' 그리고 '폭' 같은 다양한 조건의 조합인 '더 많다'와 혼동한다는 것이다. 보통 7세에서 12세 정도 되어야 아이들은 긴 컵에 물이 높이 찬 만큼 더 좁은 폭을 차지한다는 것을 인식하게 된다.

2013년 10월 1일부터 미국 정부의 '셧다운' 제도가 시작돼 미 연방정부의 기능이 대부분 마비됐다. 연방 공무원 약 70만 명이 일시

해고됐고 100만 명 정도 공무원에겐 무급 근무 조치가 내려졌다. 모든 국립공원은 문을 닫았으며, 국세청의 세금 신고 절차가 중단됐다. 국제우주정거장ISS 같은 핵심 시설 유지를 위한 비상직원 외의 모든 항공우주국NASA 직원들은 집으로 돌아갔으며, 국립보건원NIH 소속 연구원 1만 8646명 중 73퍼센트가 무급 근무에 들어갔다. 9월 30일 정부 폐쇄 하루 전 수많은 NIH 연구원은 실험중이던 연구 샘플들을 어떻게 해서라도 보존해보려고 온종일 이리저리 뛰어다녔다고 한다. 어린 암 환자들을 포함해 NIH 연구병원에서 치료중이던 환자 200명은 치료를 중단해야만 했다.

왜 이렇게 어이없는 일이 벌어진 것일까? 미국 정치인들은 '국민의 행복'이라는 절대가치를 보존하지 못한 것이다. 집권 민주당이 중요하게 생각하는 의료보험 개혁, 그리고 야당 공화당이 중요시하는 재정적 안전, 모두 다 중요한 개념이다. 하지만 '나'와 '내 당'에 더 중요한 특정 조건 아래에서만 더 높게 찬 물을 '더 많다'와 혼동해서는 안 된다. 결국 무엇이 가장 중요할까? 헌법으로 정의된 자유, 민주, 행복, 권리 같은 절대 보존개념 유지는 미국 정치인들에게만 중요한 것이 결코 아닐 것이다.

칭찬에 굶주린 대한민국

"두 유 노 김치?" "두 유 노 싸이?" 외국인들이 한국에서 자주 듣는 질문들이다. 피부가 까만 동남아시아 출신 이주 노동자가 아니라 대한민국 사람들이 '선호하는' 파란 눈에 금발 외국인들 말이다. "노"라는 대답엔 어깨가 처지고 한숨이 나오지만 "예스"라는 대답을 듣는 순간 (거기다 외국인이 말춤까지 춘다면) 우리는 마치 세상을 다 얻은 듯 기뻐한다. 어디 그것뿐일까? 정부나 지방자치단체 홍보 영상엔 백인 사업가가 단골로 등장해 칭찬한다. 한국이 최고라고. 사업하기도 제일이고, 사람들도 친절하고 무조건 다 좋다고. 정부뿐만이 아니다. 호화 아파트나 호텔 광고에는 으레 행복한 백인 가족이 등장하곤 한다. 결국 메시지는 간단하다. 대한민국에서 최고가 되려면, 서양인이 사랑하고 칭찬해야 한다고.

심리학자 매슬로Abraham Maslow는 우리 뇌에서는 다섯 가지로 구별되는 욕구가 단계별로 형성된다고 주장한 바 있다. 우선 '생리 욕구'가 있다. 인간은 먼저 의식주와 성욕에 집착한다는 말이다. 생리 욕구가 만족되면 우리는 위험한 세상에서 보호받으려는 '안전 욕구'에 집착한다. 의식주와 안전을 얻은 다음에는 원하는 집단에 소속되고 싶은 '소속 욕구'와 타인에게 존경받고 싶은 '존경 욕구'가 중요해진다.

세계 최악의 빈민국이었던 대한민국. 피눈물 나는 노력과 열정과 소질로 드디어 선진 국제사회에 소속하게 됐지만 우리는 여전히 칭찬과 사랑에 굶주려 있다. 물론 칭찬받는 게 혼나는 일보다 낫고, 사랑받는 게 미움받는 것보다 좋다. 하지만 사랑도 칭찬도 집착하는 순간 병이 된다. 매슬로의 이론에 따르면 모든 욕구가 만족된 후 인간은 '자아실현'의 중요성을 발견하게 된다. 의식주, 안전, 소속,

칭찬 욕구에서 졸업해 이 험한 세상에서
우리가 진정으로 원하는 게 무엇인지
결정할 때가 됐다

존경을 받은 후에야 비로소 내가 진정으로 무엇을 원하고 나는 어떤 사람인지에 대한 중요성과 욕구가 생긴다는 것이다. 대한민국도 이제는 서서히 "두 유 노 싸이?" 같은 칭찬 욕구에서 졸업해 이 험한 세상에서 우리가 진정으로 원하는 게 무엇인지 결정할 때가 되지 않았을까.

Brain Story
25

기계가 인간을
대신하는 세상이
온다면……

Westclox

2013년 말 미국 쇼핑 사이트 아마존Amazon이 연구중인 '배달로봇'을 소개해 화제가 된 적이 있다. 주문이 들어온 순간 프로펠러가 8개 달린 무인 헬리콥터('옥토콥터')가 물건을 싣고 내비게이션과 무선인터넷 신호를 사용해 손님에게 배달한다는 계획이다. 손님의 휴대전화 위치를 파악하므로 집에서뿐 아니라 외출중에도 주문한 물건을 받을 수 있다. 물론 해변 한가운데에서도 자장면 배달이 가능한 '빨리빨리' 문화에 익숙한 우리에게는 큰 뉴스거리가 아닐 수도 있다. 하지만 비싼 인건비 때문에 '당일 배송'은 엄두도 못 내는 미국이나 유럽에서는 대단한 혁신인 서비스가 분명하다.

운전자가 필요 없는 세상이 온다면……

그런가 하면 미국방위고등연구계획국Defence Advanced Research Projects Agency, DARPA에서는 2013년 12월 말, 전 세계적으로 첫 재난로봇 경진대회를 개최했다. DARPA는 미국 정부 연구기관 중 가장 혁신적이고 도전적인 기관으로 유명한데, 인터넷 통신의 기반인 TCI/IP 프로토콜을 만들어낸 기관으로도 널리 알려져 있다.

DARPA 로봇 경진대회의 목표는 야심적이다. 인간 크기의 휴머노이드 로봇이 자동차를 몰고 도착한 건물에 들어가 다양한 문을 열고, 밸브를 돌려 파이프를 차단한다. 그리고 호스를 잡아당기고, 막대기 파편들을 치우고 사다리를 올라타야 한다. 2011년 후쿠시

마 제1원자력발전소 사고 당시 자율적으로 임무 수행이 가능한 재난로봇이 존재하지 않아 방사선 노출을 무릅쓰고 사람들이 발전소 내부에 들어가야 했던 경험에서 얻은 교훈이다. 1차 연도 대회에서는 간단한 명령을 통해 사람이 재난로봇을 제어했다. 하지만 2차 연도 대회가 있을 2014년 말에는 로봇이 이 모든 임무를 완벽하게 자율적으로 실행해야 한다.

외제차 중 독일 차가 압도적으로 인기 높은 현상은 비단 우리나라만의 일이 아니다. 미국, 유럽, 중국, 일본 역시 독일 차의 기술력과 디자인을 높게 평가하고 있다. 그중 폭스바겐Volkswagen은 몇 년 전 '운전의 즐거움'이라는 광고 문구를 광고에 내세운 적이 있다. 자동차의 핵심은 운전하는 자의 즐거움이라는 말이다.

그런데 여기서 흥미로운 문제가 생길 수 있다. 앞으로 10년, 20년 후의 미래를 상상해보자. 배달로봇이 물건을 나르고, 무인자동차가 거리를 누빈다면? '운전자'란 개념 자체가 사라질 수도 있다. 운전자가 없는 세상에는 당연히 '운전자의 즐거움'이란 있을 수 없다. 하지만 반대로 무인자동차에 승차한 승객들의 '즐거움'은 더더욱 중요

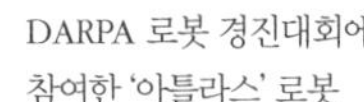

DARPA 로봇 경진대회에 참여한 '아틀라스' 로봇

해질 것이다.

자율적으로 달리고, 걷고, 날아다니는 로봇들 사이에 아무것도 할 필요 없이 존재할 미래의 우리. 그런 우리에게 '즐거움'이란 도대체 무엇이 될지 지금부터 심각하게 생각해봐야 할 것이다.

미래 인간에게 남을 직업은 무엇일까

전등 빛 비춰주는 사람, 다람쥐 털 가공자, 잿더미 수집꾼, 이동용 화장실 빌려주는 사람…… 19세기 초까지 유럽에 있었던 직업들이다. 영국에서 시작된 산업혁명 때문에 인간의 팔다리를 대체할 수 있는 기계의 등장이 가능해졌다. 그 결과 산업혁명 전의 직업은 대부분 사라지기 시작했고, 인간이 설 자리는 점점 좁아지는 듯했다. 일자리를 잃은 노동자들은 '러디즘Luddism'이라는 이름 아래 자신들의 일자리를 빼앗은 기계들을 파괴하기까지 한다. 대량 실업, 빈부 격차, 인류의 노예화…… 미래사회는 희망이 없어 보였다.

하지만 산업혁명 결과는 러다이트Luddite들의 걱정과는 정반대였다. 사라진 일자리보다 더 많은 새로운 일자리가 생겼고, 인간은 그 어느 때보다도 더 풍요롭고 자유로운 삶을 살 수 있었다. 그리고 그것은 '국민교육'의 결과였다. 산업혁명 전 교육이란 선택된 소수를 위한 취미생활이었다. 하지만 복잡한 기계의 등장은 시민 대부분이

교육받는 '새로운 세상'을 필요로 했다. 전 국민을 위한 국민학교가 등장했고, 새로운 직업학교, 고등학교, 공과대학이 설립됐다. 결국 근대 역사는 기본 일자리를 파괴하는 기계화와 새로운 일자리를 창조하는 국민교육의 치열한 경주였다고 볼 수 있겠다.

일자리를 잃은 노동자들은 '러다즘'이라는 이름 아래 자신들의 일자리를 빼앗은 기계를 파괴하기까지 했다

구글은 무인자동차를 개발하고 아마존은 배달로봇을 사용한 택배 서비스를 계획중이다. 인터넷 세상엔 검증되지 않은 무료 뉴스가 대세고, 교수들이 직접 하던 수업을 소수 전문가가 '온라인 공개수업Massive Open Online Course, MOOC'을 통해 전파하기 시작했다. 결론은 명백하다. 우리는 이미 새로운 기계혁명 시대에 살고 있는 것이다. 이 새로운 기계들은 더이상 인간의 힘만을 대체하려는 것이 아니다. 데이터 마이닝, 기계학습, 뇌 모방 기술로 무장한 기계들이 인간의 뇌만이 할 수 있었던 일들을 시작한 것이다. 다시 한번 수많은 직업이 사라질 것이고, 수많은 사람이 일자리를 잃을 것이다. 이미 '신新러다즘' 역시 등장했다. 미국 샌프란시스코에선 성난 시민들이 구글 통근버스의 운행을 방해하고, 무인자동차 책임 연구원의 집 앞에서 반대 시위를 하기도 했다.

기술과 사회의 발전은 시위로 막을 수도, 막을 필요도 없다. 우리가 해야 할 일은 촛불 시위도, 기계 파괴도 아니다. 19세기 인류가 전 국민 의무교육을 통해 더 많은 일자리를 만들고 더 높은 삶의 질을 가능하게 했듯, 우리 역시 새로운 교육을 통해 앞으로 사라질 일자리보다 더 많은 일자리를 창출해야 한다. 물론 쉬운 일은 아니다. 19세기 교육은 '몸'을 대체하는 기계에 적합한 '팩트' 위주 교육이었다. 하지만 '뇌'를 대체할 21세기 기계를 다스리려면 우리는 기계가 할 수 없는, 인간의 창의성과 개성을 중심으로 한 근본적으로 새로운 스타일의 교육을 만들어야 할 것이다.

우리는 디지털 세상에서 어떻게 살아남을 수 있을까

우리는 분명히 초인류적 스케일의 커다란 변화를 경험하는 '대단한 시대Great Age'에 살고 있다. 물론 대단하다고 모두 좋다는 것은 아니다. 좋든 싫든 그 누구도 앞으로 올 변화를 피해갈 수 없을 것이란 이야기다. 마치 거대한 태풍이 오듯 말이다. 우리가 겪어야 할 거대한 시대적 태풍이란 무엇일까? 바로 디지털 세상이다.

매일 수천만 명이 사용하는 스마트폰·카카오톡·내비게이션…… 이것은 앞으로 우리가 겪어야 할 '디지털 태풍'이라는 빙산의 일각일 뿐이다. 그렇다면 디지털 세상의 결정적 특징은 무엇인가. 바로 시간이라는 함수를 무의미하게 만든다는 점이다. 옆방에 있는 사람은 5분 안에 만날 수 있지만, 유럽에 있는 사람을 만나려면 적어도 하루 정도의 시간이 필요하다. 하지만 인터넷으로 연결된 디지털 세상에선 시간과 공간은 더이상 상호관계가 없는 독립적 변수가 되어버렸다. '유통'이라는 함수도 비슷하다. 단 1명에게 보내는 이메일을 아무 추가 비용 없이 100만 명에게 보낼 수 있기 때문이다. 더구나 이 모든 디지털화된 정보는 원본과 복사본의 차이가 존재하지 않는다.

스마트폰이 보편화된 지 이제 겨우 5년 정도다. 언제 어디서나 인터넷이 가능하고 온 세상 정보를 손바닥 안에서 보며 자라는 세대를 '디지털 원주민Digital Native'이라고 부른다. 그런가 하면 아날로그 세상에서 성장했지만 미래 디지털 세상에서 살아남아야 할 우리 대부분은 '디지털 이주자Digital Immigrant'다. 그렇다면 지금 자라고 있는 디지털 원주민들이 성인이 됐을 때 디지털 헤게모니 세상은 어떤 모습일까? 신문·학교·직장·공장·자동차·가족·군대·정부…… 모두 근본적으로 다른 모습으로 변했을 것이다. 정확하게 어떤 모습일지 상상하는 것은 의미가 없다. 미래 디지털 세상은 어차피 디지털 원주민들이 정의하고 만들어나가야 할 테니 말이다.

영국 BBC TV가 1930년도 방송을 시작할 때 TV라는 새로운 매체로 도대체 무얼 해야 하는지 상상할 수 없었다고 한다. 결국 초기 BBC는 TV 방송으로 '창문 청소하는 방법' '꽃에 물 주기' 등을 보여주었다고 한다.

성인이 되어 미국으로 이민 간 대부분의 한국인은 한국 음식을 먹으며, 한국 TV 프로그램을 보고, 한국 교회에 나간다. 하지만 미국에서 태어난 2세들은 그곳 원주민이다. 역사적 뿌리를 잊는 것도 곤란하지만, 그들이 미래에 살아남아야 할 사회의 규칙과 철학을 배우는 것 역시 중요하다. 밀려오는 디지털 세상의 변화는 그 누구도 막지 못한다. 그렇다면 우리 디지털 이주자들이 해야 할 가장 중요한 역할은 대한민국의 미래 세대가 이 세상 그 누구보다 더 멋지고 의미 있는 디지털 세상을 살아갈 수 있도록, 이 세상 최고의 사회적 원칙과 조건을 만들어주는 게 아닐까.

Y!

에필로그

뇌가 아는 것을 본 것이 세상이다

©JD Hancock | jdhancock.com

137억 년 전 어느 날, '빅뱅'으로 탄생한 우주는 10^{-36}~10^{-33} 사이 기하급수적으로 급팽창한다. 무한으로 작은 점에서 시작해 1000억 개가 넘는 은하가 만들어졌고, 은하마다 1000억 개가 넘는 별이 있다. 대부분 별은 행성을 가지고 있고, 수많은 행성엔 아마도 생명체가 존재할 것이다. 어디 그뿐일까? 만약 우주가 정말 급팽창으로 출발했다면 우리가 살고 있는 우주 외에 무한에 가까운 평행우주가 존재할 거란 가능성을 배제할 수 없다. 지금 이 순간 우리와 원자단 몇 개 차이로 닮은 수많은 '나'가 웃고, 울고, 일하고, 죽어갈 수 있다는 말이다.

1000억 개의 은하, 137억 년, 우주의 급팽창, 평행우주. 아인슈타인의 상대성이론에 따르면 시간과 공간은 마치 고무줄같이 늘어나거나 줄어들 수 있다. 양자역학은 동일한 물체가 같은 시각 여러 곳에 존재할 수 있다고 가르치고, 무에서 유가 만들어질 수 있다고 한다. 상상만 해도 머리가 아프다. 아니 사실 상상이 가지 않는다. 현대과학이 주장하는 현실과 우리가 사는 지구, 대한민국, 회식 자리, 전세 대출, 지방선거…… 이 둘은 서로 아무 상관 없어 보인다. 도대체 왜 그런 걸까?

답은 어쩌면 간단하다. 뇌에게 '현실'이란 진화과정에서 의미 있었던 것들에 대한 정보의 합집합이기 때문이다. 던지면 땅으로 떨어지는 돌, 마시면 시원한 물, 어제와 오늘 큰 차이 없어 보이는 친구의 얼굴, 모두 우리 뇌에겐 의미 있는 정보다. 하지만 별과 별 사이 중력의 힘, 1000억이라는 숫자, 무한으로 작은 공간에서 일어나는 양자역학적 현상들은 우리 뇌의 진화에 아무 영향을 끼치지 못한 사건이다. 무의미한 정보는 처리할 수 없다. 아니, 뇌는 그런 정보가 존재한다는 사실 자체를 알 수 없다. 어둡거나 밝거나, 움직이는 작은 점만 인식할 수 있도록 진화된 개구리의 뇌가 아름다운 무지개와 레오나르도 다빈치의 모나리자를 상상할 수 없듯이 말이다.

결국 이 책에서 다룬 많은 이야기들이 함축하고 있는 메시지는 이것인지도 모른다. 세상은 뇌가 보는 것이 아니다. 뇌가 아는 것을 본 것이 세상이다.

내 머릿속에선 무슨 일이 벌어지고 있을까

1판 1쇄 2014년 6월 18일
1판 21쇄 2023년 6월 8일

지은이 김대식

기획·책임편집 고아라 | 편집 임혜지 | 모니터링 이희연
디자인 김마리 | 마케팅 정민호 김도윤 한민아 이민경 안남영 김수현 왕지경 황승현 김혜원
브랜딩 함유지 함근아 박민재 김희숙 고보미 정승민
제작 강신은 김동욱 임현식 | 제작처 영신사

펴낸곳 (주)문학동네 | 펴낸이 김소영
출판등록 1993년 10월 22일 제2003-000045호
주소 10881 경기도 파주시 회동길 210
전자우편 editor@munhak.com | 대표전화 031)955-8888 | 팩스 031)955-8855
문의전화 031)955-2696(마케팅) 031)955-3571(편집)
문학동네카페 http://cafe.naver.com/mhdn
인스타그램 @munhakdongne | 트위터 @munhakdongne
문학동네북클럽 http://www.bookclubmunhak.com

ISBN 978-89-546-2504-3 03400